木材仿生光学

陈志俊　编著
李　坚　主审

科学出版社

北京

内 容 简 介

本书是在参考大量国内外文献并总结编者课题组多年来独立研究成果的基础上编写而成,有针对性地介绍木材仿生光学这一独特研究方向,详细阐述了何为木材仿生光学及为什么要发展相关的研究方向,此外,还详细介绍了如何基于"木材仿生"这一理念,将木材及木材组分转化为光智能响应材料、荧光材料、磷光材料、光热材料,并讨论了相关材料的功能、利用等内容。本书在内容上紧密联系木材先进材料的发展前沿,同时描述了纳米材料在木材仿生智能方面的研究进展和应用前景。

本书可供林产化工、木材科学、新能源材料、仿生科学、纳米材料、林产工业、建筑、装饰、环境等领域的科研人员、工程技术人员和高等院校的师生使用与参考。

图书在版编目(CIP)数据

木材仿生光学 / 陈志俊编著. —北京:科学出版社,2023.7
ISBN 978-7-03-075809-5

Ⅰ. ①木⋯　Ⅱ. ①陈⋯　Ⅲ. ①木材—仿生学—光学
Ⅳ. ① S871　② O43

中国国家版本馆 CIP 数据核字(2023)第106561号

责任编辑:张静秋 / 责任校对:严　娜
责任印制:赵　博 / 封面设计:金舵手世纪

科 学 出 版 社 出版
北京东黄城根北街16号
邮政编码:100717
http://www.sciencep.com

北京市金木堂数码科技有限公司 印刷
科学出版社发行　各地新华书店经销

*

2023 年 7 月第 一 版　开本:787×1092　1/16
2025 年 1 月第二次印刷　印张:10
字数:240 000

定价:49.80 元
(如有印装质量问题,我社负责调换)

自然界的生物体经过数十亿年的物竞天择、优胜劣汰，其结构与功能已趋完美，实现了宏观性能和微观结构的有机统一。基于大自然给予的启发，向自然界学习，模仿自然界生物体功能的某一方面，构筑相似甚至超越自然生物体功能的新型仿生材料，是人类发展进程中的一个永恒课题。自然界中存在许多神奇的光学现象：夏日夜晚的萤火虫、夜幕下的荧光海滩、随环境改变体色的变色龙及五彩斑斓的蝴蝶翅膀等。通过对这些光学现象机制的解译，科学家们开发出了冷光源材料、光电显示材料、结构色材料及智能光响应材料等多种光功能材料。

木材是一种天然的有机复合材料，其在物理层面具有结构层次分明、构造复杂有序、分级结构鲜明、多孔结构精细等特性；在化学层面，由纤维素、半纤维素、木质素及芳香提取物等多组分组成，其分子结构与活性位点具有多样性。这些理化特性都为木材作为仿生材料的构筑基元奠定了扎实的基础。利用木材为原料进行智能仿生的研究被称为木材仿生智能科学，是木材科学发展中一个具有里程碑意义的研究领域。在该研究方向中，利用从生物体获得的启示为木材的功能拓展和高值化开发提供新的研究思路，从而实现木材的自增值性、自修复性、自诊断性、自学习性和环境适应性，使得木材在更高的技术层次上为人类的文明进步服务。

在这样的背景下，木材仿生光学作为一门新兴的科学应运而生。在这门科学中，主要通过仿照大自然奇异光学现象发生的原理，在深入研究与揭示木材及其组分结构-光学性能构效关系的基础上，进而发展出相关的技术与方法，将木材组分可控转化为具有特定功能的光学材料，如发光材料、光热材料与光催化材料等。《木材仿生光学》一书是在参考国内外相关文献，尤其是总结陈志俊教授课题组多年来坚持创新、独立研究成果的基础上编写而成，有针对性地详细阐述了木材仿生光学的概念、内涵及代表性仿生光学材料的研究进展和应用前景，这是国际上该领域的第一部著作。该书源于编者对木材与大自然的认知而总结、编撰而成，内容难易适中，可作为研究生课程的专业教材，也可作为期望了解这个领域的专家、学者与企业界人士的参考书，我相信将对读者有所裨益。

中国工程院院士

2023 年 7 月

木材是一类天然的有机复合材料，由各种不同的组织结构、细胞形态、孔隙结构和化学组分构成，是一类结构层次分明、构造有序的聚合物基天然复合材料。从米级的树干，微米级的木材细胞，直到纳米级的纤维素分子，木材具有层次分明、复杂有序的多尺度分级结构。木材仿生光学是一门通过解译大自然中的奇异光学现象，继而利用相关物理或者化学手段，将纤维素、半纤维素、木质素、木材提取物等木材组分或实体木材转化为光功能材料的科学。事实上，研究木材光学现象的历史非常悠久，最早的科学记录可以追溯至1565年，尼古拉斯·莫纳德斯（Nicolas Monardes）记载了木材水提物的发光现象，这也是荧光现象在人类历史上第一次被正式记录。

当前的科学文献显示，木材仿生光学这一概念，受到越来越多业界同仁的关注并吸引越来越多的年轻学者加入该研究领域。随着"中国制造2025"的提出，毫无疑问，木材仿生光学将在木材加工与现代化领域中扮演越来越重要的角色。基于这些考虑，编者决定将木材仿生光学领域的代表性研究工作与对木材仿生光学的一些观点整理成书，作为李坚院士前期出版的《木材仿生智能科学引论》（ISBN：9787030486417）的延续。

本书得到国家自然科学基金委员会重大项目（31890774）与面上项目（32171716）等的资助，特致谢意。在本书编写过程中，科学出版社给予了大力支持和帮助，在此对张静秋等编辑的辛勤工作和高度责任感表示深深的谢意和崇高的敬意！同时向关心和为本书编写提供帮助的所有同仁表示衷心感谢，向本书所引用的大量文献资料的作者表示诚挚谢意！

本书内容涉及面大、学科交叉外延广、理论基础跨度深、撰写难度高，旨在抛砖引玉，供广大同仁参考交流。书中疏漏之处在所难免，恳请读者不吝赐教，谨致谢忱！

编 者

2023 年 7 月

序
前言

第一章
木材仿生光学的概念与内涵

本章彩图

第一节　木材仿生光学的概念、研究内容与意义

一、木材仿生光学的概念及其产生的背景

木材仿生光学是一门通过解译大自然中的奇异光学现象，继而利用相关物理或者化学手段，将纤维素、半纤维素、木质素、木材提取物等木材组分或实体木材转化为光功能材料的科学。

事实上，研究木材光学现象的历史非常悠久，最早的科学记录可以追溯至1565年，Nicolas Monardes记载了木材水提物的发光现象，这也是荧光现象在人类历史上第一次被正式记录（邬家林，1984；Taylor，2011）。之后，该现象也陆续被牛顿等科学家所研究、报道，但是由于当时研究手段的局限性，并没有对这一现象背后的原因做出很好的解释（McVaugh，1958）。直到1852年，George Gabriel Stokes爵士才对荧光现象及其背后的发光原理做出了进一步的解释与研究（Stokes，1852）。此后，发光材料/光功能材料获得了蓬勃的发展，在信息技术、生命健康与能源领域发挥了不可替代的巨大作用（Perumal et al.，2021；Wareing et al.，2021；Li et al.，2021）。

尽管如此，在百余年发光/光功能材料的研究与产业化历史中，科学家与企业家们把大部分精力与时间都专注于利用化石或矿物资源来制备光功能材料，将可持续生物质资源转化为光功能材料的研究一直较为少见。近年来，为了助力国家"双碳"目标与可持续发展战略的尽快实现，我国著名的木材科学家、中国工程院院士李坚教授创立了"木材智能仿生科学"，他在该研究方向中指出：要通过汲取大自然给予的灵感，利用木材资源替代石化/矿物资源，加工与制备出先进功能材料，实现低碳与可持续化的发展路径。在该背景下，木材仿生光学这一新兴研究方向应运而生。

二、木材仿生光学的研究内容

木材仿生光学作为李坚院士所提出"木材仿生智能科学"的重要组成部分，主要围绕两个关键的科学问题。①在分子尺度深入理解与挖掘木材组分自身结构对相关光学效应的影响规律，建立清晰、精准的"分子结构-光学效应"构效关系。②创新木材及其组分向实现相关光学现象的光功能材料转化的低碳、可控转化路径，来重点开展以下研究内容：揭示天然木材中光学行为成因，研究利用木材组分构建碳量子点、纳米发光点、余辉发光与圆偏振发光等发光材料，探明发光原理与调控方法；研究利用木材组分

构建仿天然黑色素类光热材料，揭示相关光热转化机制与调控手段；探明木材基发光/光热材料的潜在应用场景。当然，作为一个非常年轻的科研方向，木材仿生光学在坚守本身特色的同时，其研究内容会根据国家战略的调整与科学技术的进步，进行不停的自我进化、自我丰富与内涵式发展。

三、木材仿生光学的研究意义

木材及其组分为森林光合作用的产物，其产生是"负碳"过程。因此，发展木材仿生光学，可以利用木材资源替代传统石化或者矿物资源，制备光功能材料，极大地减少光功能材料在整个生命周期中的碳足迹，有效助力我国"双碳"目标。此外，得益于木材本身的环境降解属性，由木材资源制备的光功能材料还具有环境相容性好、可降解、污染低等优势。

木材仿生光学的研究不仅可以促进光功能材料的低碳与可持续化，也可以助力我国木材资源的高值化加工利用。众所周知，当前我国存在许多材性不佳的劣质木材或在加工过程中产生的木材剩余物。木材仿生光学的发展，可以促进这些劣质木材资源的增值转化，将它们通过一定的方式转化为高值的光功能材料，最终实现"劣材优用"。

第二节 木材仿生光学中所模仿的光学现象及其产生的机制

一、自然界中的光学现象

自然界中存在许多神奇的光学现象（图1-1），例如，荧光现象在自然界既普遍又神奇，最为人熟知的莫过于萤火虫，其可以在夜晚进行发光。除萤火虫外，很多蓝光虫、足虫、鱼虾、乌贼、水母、细菌甚至蘑菇和蜗牛都能发光。除荧光外，自然界中的许多矿物还可发出磷光，这些矿物俗称为夜明珠。目前所知能发出磷光的矿物大概有二十多种，这些矿物可在白天吸收太阳光子能量后，在夜间进行缓慢的释放，故而出现"夜光"现象。光热也是自然界中常见的一种光学现象，例如，深色物质在日照下的表面温度通常会比浅色物质要高，这主要是因为深色物质更容易将光子能量转化为热能。

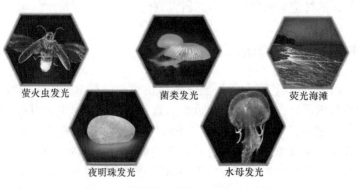

萤火虫发光　　菌类发光　　荧光海滩　　夜明珠发光　　水母发光

图1-1　自然界中的光学现象示意图

　　当然，除了这些光学现象外，树木中也存在两大有趣的光学现象：光合作用与蒸腾作用（图1-2）。①光合作用通常是指绿色植物（包括藻类）吸收光能，把二氧化碳和水合成为富能有机物，同时释放氧气的过程。其主要包括光反应、暗反应两个阶段，涉及光吸收、电子传递、光合磷酸化、碳同化等重要反应步骤，对实现自然界的能量转换、维持大气的碳-氧平衡具有重要意义。树木每吸收1.6t二氧化碳，即可产生1t生物质与固定0.5t碳。叶绿素在光合作用过程中居于核心地位，是整个反应的光催化剂。②蒸腾作用是水分从活的植物体表面（主要是叶）以水蒸气的形式散失到大气中的过程。蒸腾作用对植物体自身的意义：促进根对水分的吸收及对水分、无机盐的运输；降低植物体的温度，防止叶片被太阳灼伤。对自然界的意义：提高空气湿度；降低空气温度；增加降水量。

图1-2　自然界中的林木光合作用与蒸腾作用

二、自然界中荧光现象的光物理机制

　　当紫外光照射到某些物质的时候，这些物质会发射出各种颜色和不同强度的可见光，而当停止照射时，所发射的可见光也随之很快地消失，这种现象称为荧光。当紫外光照射物质时，物质分子吸收了入射光子的能量，价电子会从较低能级跃迁到较高能级即从基态跃迁到激发态，称为电子激发态分子。该跃迁过程需要的时间约为10^{-15}s。电子从基态跃迁到激发态的能量差，等于所吸收光子的能量。紫外光和可见光区的光子具有较高的能量，足够引起分子发生价电子的能级跃迁。

　　电子激发态的多重态用$2S+1$表示，S为电子自旋角动量量子数的代数和，其数值为0或1。分子中同一轨道里自旋配对的两个电子必须具有相反的自旋方向。当$S=0$时，代表分子中的电子全部是自旋配对的，该分子处于单重态（单线态），用符号S表示。大多数分子的基态处于单重态。当电子跃迁到较高能级时未发生自旋方向的变化，则称该分子处于激发单重态；若电子跃迁到高能级时自旋方向也发生了改变，此时$S=1$，分子处于激发三重态（三线态），用符号T表示。因此，S_0、S_1、S_2分别代表分子的基态、第一激发单重态和第二激发单重态；T_1和T_2则分别代表分子的第一激发三重态和第二激发三重态。

　　处于激发态的分子能量高、不稳定，它可能通过辐射跃迁和非辐射跃迁两种衰变路径返回基态。同时，也可能存在激发态分子因分子间相互作用失活的情况。辐射跃迁的衰变过程伴随着光子的发射，即产生荧光或磷光；非辐射跃迁的衰变过程包括振动弛豫、内转换和系间窜越，这些衰变路径将能量通过热能的方式传递给介质。振动弛豫是指分子衰减到同一电子能级的最低振动能级，将多余的振动能量传递给介质的过程；内转换的意思是相同多重态的两个电子态的非辐射跃迁过程（如$S_1 \rightarrow S_0$，$T_2 \rightarrow T_1$）；系间窜越则指两个不同多重态的电子态间的非辐射跃迁过程（如$S_1 \rightarrow T_1$，$T_1 \rightarrow S_0$）。图1-3为分子内所发生的激发过程及辐射跃迁和非辐射跃迁衰减过程的示意图。

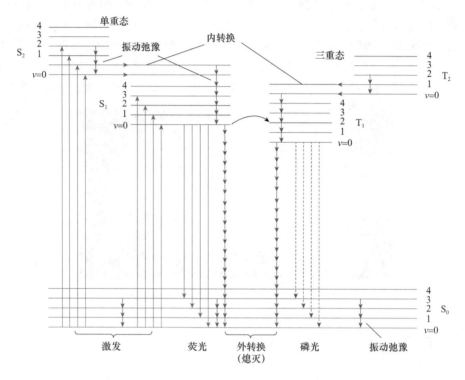

图1-3　辐射跃迁和非辐射跃迁的机制

v表示振动能级

如果分子被激发到S_2以上的某个电子激发单重态的不同振动能级上，处于这种激发态的分子很快发生振动弛豫而衰减到该电子态的最低振动能级，经内转换和振动弛豫而衰减到S_1态的最低振动能级后，部分激子直接以辐射跃迁的形式耗散能量回到S_0，这个过程会产生荧光。通常，荧光是来自第一激发单重态S_1的辐射跃迁过程所伴随的发光现象，发光过程的速率常数大，激发态的寿命短。荧光发射通常具有如下特征：①斯托克斯位移，即在溶液荧光光谱中所观察到的荧光发射波长总是大于激发光的波长；②荧光发射光谱的形状与激发波长无关；③吸收光谱的镜像关系。

三、荧光中的激发光谱和发射光谱

荧光强度是激发波长和发射波长两个变量的函数。由于分子对光选择性吸收的性质，及不同波长的激发光能量不同，不同波长的入射光具有不同激发效率。固定荧光的发射波长，记录相应的荧光强度随激发波长改变的谱图即为荧光的激发光谱。如果保持激发光的波长和强度不变，测得的发射强度随发射波长变化的谱图则为荧光的发射光谱。激发光谱反映了固定发射波长下，荧光强度对不同激发波长的依赖关系；发射光谱则反映了在某一固定的激发波长下，不同发射波长下的强度关系。激发光谱和发射光谱可作为发光物质的分析和鉴别手段，并可作为荧光定量测量时选择合适的最大激发波长和测定波长的依据。荧光发射光谱与吸收光谱呈镜像关系。根据镜像对称关系，可以帮助判别某个吸收带究竟是属于第一吸收带中的另一振动带，还是更高电子态的吸收带。应用荧光发射光谱与吸光光谱的镜像对称关系，如不是吸收光谱镜像对称的荧光峰出现，表示有漫反射光或杂质荧光存在。诚然，也存在少数偏离镜像对称的现象，可能是因为激发态时的几何结构与基态时不同，也可能是激发态时发生了质子转移反应或形成了激发态复合物等原因引起的。

四、荧光中的斯托克斯位移

人们通过观察溶液的荧光光谱，发现所观察到的荧光发射的波长总是相较于激发光红移。这种波长移动的现象由斯托克斯（Stokes）于1852年首次观察到，因而称为斯托克斯位移。斯托克斯位移说明物质在激发和发射过程中伴随着能量损失。产生斯托克斯位移的原因有三个。

（1）如上文所述，物质在跃迁到高振动能级形成激发态之后就以更快的速率发生振动弛豫/内转换，这是导致斯托克斯位移的主要原因。

（2）辐射跃迁可能仅使分子回到基态的不同的振动能级，从振动能级再通过振动弛豫进一步损失能量，导致斯托克斯位移现象。

（3）溶剂极性效应和激发态分子发生的化学反应，也进一步加大了斯托克斯位移的波长。应当注意的是也有一种特殊的情况，当被激发的分子以激光为光源且吸收了双光子时，会产生荧光的发射波长短于激发波长的情况（即反斯托克斯位移）。

五、荧光寿命和量子产率

荧光寿命和量子产率是荧光材料的重要参数。根据定义，荧光寿命（τ）是指切断激发光后荧光强度衰减至$1/e$所经历的时间。它表示荧光分子的S_1激发态的平均寿命，用公式表示为

$$\tau = 1/\left(\sum K + k_f\right) \tag{1-1}$$

式中，$\sum K$代表各种发生在分子内的非辐射衰减速率之和；k_f表示荧光发射的速率常数。荧光发射是无规律的、随机的，只有少数激发态分子在$t=\tau$的状态下发射光子。荧光的衰减通常是单指数衰减过程，这表示有63%的激发态分子在$t=\tau$之前先发生了衰减，另外在$t>\tau$的时刻有37%的激发态分子在衰减。激发态的平均寿命和跃迁发生的概率是相关的，两者的关系可大致表示为

$$\tau \approx 10^{-5}/\varepsilon_{max} \tag{1-2}$$

式中，ε_{max}为最大吸收波长下的摩尔吸光系数（也称摩尔消光系数，单位以m^2/mol表示）。$S_0 \rightarrow S_1$是自旋允许跃迁，一般情况下ε值约为10^3，故荧光的寿命约为$10^{-8}s$；$S_0 \rightarrow T_1$的跃迁是自旋禁阻跃迁，ε值约为10^{-3}，故磷光的寿命约为$10^{-2}s$。不存在非辐射衰减的过程时，荧光分子的寿命称为内在的寿命（intrinsic lifetime），用τ_0表示为

$$\tau_0 = 1/k_f \qquad (1\text{-}3)$$

荧光强度的衰减，通常符合以下公式：

$$\ln I_0 - \ln I_t = t/\tau \qquad (1\text{-}4)$$

式中，I_0 与 I_t 分别表示 $t=0$ 和 $t=t$ 时刻的荧光强度。荧光寿命值的计算可以通过实验测量出不同时刻时的 I_t 值，作出 $\ln I_t \sim t$ 的关系曲线，便可用所得直线的斜率计算荧光寿命值。

荧光量子产率（Y_f）定义为荧光分子被激发后，发射的光子数与吸收的光子数的比值。由于激发态分子的衰减过程包含辐射跃迁和非辐射跃迁，所以荧光量子产率也可表示为

$$Y_f = k_f / \left(\sum K + k_f \right) \qquad (1\text{-}5)$$

可见量子产率的大小取决于辐射跃迁速率和非辐射跃迁速率之间的大小关系。假如辐射跃迁的速率远小于非辐射跃迁的速率，即 $k_f \ll \sum K$，则 Y_f 的值更接近于0。通常情况下，Y_f 的数值总是小于1。Y_f 的数值越大，荧光物质的荧光越强。荧光量子产率的数值大小，主要受化合物的结构与性质、化合物所处的环境因素影响。

关于荧光量子产率的测定有多种方法，这里仅介绍参比的方法。这种方法是在相同的激发条件下，分别比较待测荧光样品和已知荧光量子产率的参比物质两者稀溶液的积分荧光强度（即校正的发射光谱所包含的面积），以及对应此激发波长入射光（紫外-可见光）的吸光度而加以测量的。测量结果按下式计算待测荧光样品的荧光量子产率

$$Y_u = Y_s \cdot \frac{F_u}{F_s} \cdot \frac{A_s}{A_u} \qquad (1\text{-}6)$$

式中，Y_u、F_u 和 A_u 分别表示待测物质的荧光量子产率、积分荧光强度和吸光度；Y_s、F_s 和 A_s 分别表示参比物质的荧光量子产率、积分荧光强度和吸光度。使用该公式时，一般要求 A_s 和 A_u 小于0.05，参比物质溶液的激发波长最好与待测物质相近。有分析应用价值的荧光化合物通常 Y_u 的值在0.1～1.0。常用的参比物质有罗丹明B和硫酸喹啉等。荧光的寿命和量子产率受所有能改变激发分子的光物理过程速率常数的条件影响。例如，随着温度的升高，由于增大非辐射跃迁过程的速率常数，从而使荧光的寿命和量子产率下降。

六、自然界中的磷光光物理机制

磷光是一种缓慢的发光现象。物质的磷光现象一般出现在极低的温度下，但是近年来有许多物质可以产生室温磷光，室温磷光（room temperature phosphorescence，RTP）是指发光分子在室温下受激发光照射后吸收光能先进入激发单重态 S_n（$n \geq 1$），再经历系间窜越（intersystem crossing，ISC）进入激发三重态 T_n 后，三线态激子缓慢辐射跃迁回到基态 S_0 的产物。RTP材料与传统的荧光材料相比，发射寿命更持久的同时斯托克斯位移也更大。独特的性质使RTP材料在材料科学领域展现出巨大的应用潜力，受到了各领域研究者们的广泛关注。

图1-4为磷光产生过程的雅布伦斯基（Jablonski）示意图，基态、第一激发单重态和第二激发单重态分别以 S_0、S_1 和 S_2 表示。第一激发三重态和第二激发三重态等分别以 T_1 和 T_2 表示。每一电子能级可以有多个振动能级存在。发光分子吸收能量后，电子从基态 S_0

跃迁到激发单重态 S_1、S_2 或 S_n 的某一振动能级，经过超快的振动弛豫及内转换（internal conversion，IC）过程后到达第一激发单重态 S_1。S_1 可通过辐射跃迁或内转换的方式跃迁至 S_0，这个过程会产生荧光。同时，当单重态和三重态之间能隙合适时，可以通过系间窜越的方式转换为三重态 T_n（$n \geqslant 1$），随后经 $T_n \rightarrow T_1$ 内转换至第一激发三重态 T_1。最后处于 T_1 的激子可以通过辐射衰减（即发磷光）或非辐射衰减（包括 $T_1 \rightarrow S_0$ 的系间窜越或外部因素导致的激子猝灭）的途径回到基态。因为磷光的形成经历路径长，且激子从 S_1 至 T_1 的过程

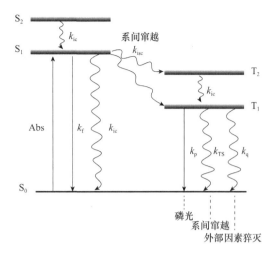

图1-4 有机分子磷光过程的雅布伦斯基示意图
Abs表示吸收；图中其他变量的含义参考公式（1-7）至公式（1-9）

必然伴随着能量的耗散，因此磷光相比于荧光具有更长的寿命及更大的斯托克斯位移。

七、磷光寿命与量子产率

磷光寿命是指其磷光信号强度衰减到其强度最大值的1/e时所经历的间。磷光量子产率是指物质吸收的光子数在磷光过程中的利用率，即发射磷光光子数与吸收的总光子数的比例。磷光量子产率（Φ_p）和磷光寿命（τ_p）用公式表示为

$$\Phi_p = \Phi_{isc} \cdot k_p \cdot \tau_p \tag{1-7}$$

$$\Phi_{isc} = k_{isc} / (k_F + k_{ic} + k_{isc}) \tag{1-8}$$

$$\tau_p = 1 / (k_p + k_{TS} + k_q) \tag{1-9}$$

上三式中，Φ_{isc} 是从 $S_1 \rightarrow T_n$ 的系间窜越（ISC）量子效率；k_F 和 k_{ic} 分别是 $S_1 \rightarrow S_0$ 的辐射跃迁速率和内转换速率；k_{isc} 是 $S_1 \rightarrow T_n$ 的 ISC 速率；k_p 表示 $T_1 \rightarrow S_0$ 的辐射跃迁速率即磷光发射的速率；k_{TS} 表示 $T_1 \rightarrow S_0$ 的系间窜越速率；k_q 表示 $T_1 \rightarrow S_0$ 过程中由外部因素引起的非辐射猝灭速率（如能量转移、氧猝灭等）；$T_1 \rightarrow S_0$ 的系间窜越和由外部因素引起的 $T_1 \rightarrow S_0$ 非辐射猝灭过程，统一称为 $T_1 \rightarrow S_0$ 的非辐射失活途径，其速率用 k_{nr} 表示，即 $k_{nr} = k_{TS} + k_q$，当由外部因素引起的非辐射失活通道可忽略不计时，k_{nr} 等于 $T_1 \rightarrow S_0$ 的 ISC 速率 k_{TS}。

八、自然界中的光热转换及其原理

太阳能作为一种绿色清洁可再生能源，主要以电磁辐射的形式给地球带来光与热。在大自然中，当太阳光辐照在一些材料上时，其温度会快速升高，这种现象称为光热转换，该类材料则被称为光热转换材料或者光热材料。目前，光热转换材料主要包括金属纳米材料、半导体材料、碳基材料和有机聚合物材料。

金属纳米材料的光热转换主要通过局域表面等离子体共振效应来实现，当入射光的振动频率与金属表面电子自然振荡频率匹配时，光诱导触发电子的集体振荡行为，从而

产生热电子，热电子和入射的电磁场形成共振，导致热能产生。半导体材料中对于具有缺陷结构的半导体材料，因缺陷造成表面的载流子发生迁移，形成类似于金属纳米颗粒表面的局部等离子体共振效应，从而实现光热转换。对于具有本征吸收带隙的半导体材料，其对光的吸收主要取决于它的本征吸收带隙，当太阳光照射半导体材料时，价带中的电子获得能量跃迁到导带上产生空穴，进一步形成上带隙电子空穴对，然后上带隙电子和空穴放松到能带边缘，并通过热化过程将额外的能量转化为热量。碳基材料通常具有密度较高的电子云，形成的共轭效应使其在近红外区有较强的光吸收能力，当太阳光照射碳基材料时，可见光中大部分能量的光子都能被电子吸收从基态跃迁至激发态，激发态电子返回到基态时能够吸收光能并通过晶格振动将其转化为热量以热能的形式释放出来。有机聚合物材料的光热转换原理与碳基材料类似，聚合物光热转换材料中一般都存在共轭体系，受太阳光照射后价带与导带的带间隙减小，促进电荷转移从而带动晶格振动，导致有机聚合物材料的温度升高。

九、光热转换率测定

将1mL（1mg/mL）光热材料溶于溶液，做好保温，然后置于模拟太阳光下。用热电偶温度计记录溶液温度的变化。光热转换效率按公式（1-10）计算：

$$\eta = \frac{Q}{E} = \frac{cm\Delta T}{pst} = \frac{c\rho V\Delta T}{pst} \qquad (1\text{-}10)$$

式中，Q为产生的热能，E为入射光输入的总能量。通过比热容（c）、密度（ρ）、体积（V）和照射前后溶液所产生的温度差（ΔT）即可计算出介质所产生的热能Q；通过入射光的强度（p）、照射面积（s）和照射时间（t）即可计算输入的总能量E。

本 章 小 结

总体来说，木材仿生光学是一门通过解译与模拟自然界中荧光、磷光与光热等现象的发生机制，进而将木材及其组分转化为光功能材料的一门新兴科学。在该研究中囊括了木材科学、林产化工、光物理、光化学及仿生学等多学科门类知识，是典型的交叉科学。在"双碳"目标的背景下，木材仿生光学的出现，不仅是木材资源加工与利用领域的一次创新，也为光功能材料的可持续与低碳化发展提供了理论基础。在该研究中，需特别注意在分子乃至更小尺度去理解相关光学现象背后发生的机制。只有深刻理解与熟练掌握这些光学现象的发生原理，才有可能可控地把木质资源转化为相关的材料，实现相关的光学功能。

第二章

木材仿生光学中的分子构效与调控

第一节 实体木材的超分子结构与发光特性

一、实体木材的超分子结构

木材主要由纤维素、半纤维素与木质素构成（方桂珍，2002）。在木材中，这些大分子自身可以形成超分子结构，而后这些超分子结构通过氢键/共价键的协同作用进一步形成了超分子复合结构，而后，这些复合结构的有序排列构成了木材细胞壁。其中，木材纤维素分子链由于含有大量羟基，相邻纤维素分子链间可产生大量分子间氢键，形成有序自组织聚集体；特别是相邻糖链间形成的氢键，可使纤维素分子形成稳定的片层结构；这些片层结构在范德瓦耳斯力和疏水力等次级键作用下自发有序地紧密堆积，即为天然纤维素。天然纤维素与木质素间的超分子复合主要是通过半纤维素。半纤维素通过氢键与纤维素之间建立物理连接，而后通过非共价键作用/酯键、醚键与苷键等共价键协同作用与木质素发生连接（Arnould and Arinero，2015；Yuan et al.，2021）。

二、实体木材的发光特性

在这样的超分子复合结构中，得益于其存在的苯环发色团，在紫外光激发下木质素可以发出非常明亮的蓝色荧光（一般发射光波长为400～500nm），人们可以利用这种特性来半定量分析木质素在木材细胞壁不同位置中的含量（Ma et al.，2018）。然而，研究发现细胞壁中的天然木质素不仅可以发出荧光，还可以发出室温磷光（寿命约为10ms），这主要是由在细胞壁中纤维素与半纤维素形成的超分子氢键网络对其的限域作用所导致的。在这种限域作用下，天然木质素的分子振动受到压制，其从单线激发态通过系间窜越所获得的三线激发态，大部分可以辐射跃迁的方式回到基态，从而在室温下发出磷光。另一方面，木材细胞壁中较为紧密的分子排布，也有助于阻挡室温下空气中氧气与湿度对其的磷光猝灭效应。

编者课题组（Wan et al.，2022）发现木材的室温磷光寿命可以通过对其细胞壁中的木质素进行原位改性来进行强化调控。在研究中，先利用氢氧化钠打开木材细胞壁，而后利用双氧水将木材细胞壁中的木质素进行原位氧化解聚，获得含有苯环的芳香酸作为发色团，小分子脂肪酸可以与芳香酸发色团形成很强的氢键作用，进一步强化对发色团的分子限域作用，最终获得长寿命的实体木材室温磷光发射。

第二节　纤维素的结构与发光特性

一、纤维素的结构与发光

纤维素是地球上最丰富的可再生多糖，它是由β-1,4糖苷键连接的D-吡喃葡萄糖重复单元组成的线性聚合物。从化学的角度来看，这些多糖或单糖由于没有传统的共轭结构，因此，其在受到激发后是不应发光的。然而，研究发现纤维素在紫外光辐照下会产生发光现象。此外，研究还发现一系列单糖、二糖、低聚糖与多糖都可以在紫外光激发下发射荧光（Sacui et al., 2014；Pöhlker et al., 2012；Johns et al., 2018；Yu et al., 2019；Du et al., 2019）。长期以来，这些天然非芳香型分子的非常规发光都被认为是木质素或者蛋白质等杂质对样品的污染导致的。

二、纤维素的簇发光机制

唐本忠等（Tang et al., 2021）指出，非芳香族分子的发光不是由杂质影响的，而是由簇聚集诱导的n-p*跃迁所导致的。具体地说，这些天然发光体通常具有醚键（—O—）、羟基（—OH）、羰基（C=O）和羧基（—COOH）等结构，这些基团倾向于彼此形成强的氢键相互作用，在浓溶液或固态中形成团簇。在形成的团簇中，这些富电子原子中的电子可以发生空间共轭，有效降低分子带隙，从而形成丰富的能级结构，诱导出激发依赖的荧光发射。该类簇发光的最大发射光波长通常为400～450nm。

除了荧光外，这些发色氧团簇还可以与其他分子表现出很强的氢键/非共价键相互作用。这种相互作用有利于促进含氧官能团自旋轨道耦合（SOC）、促进ISC跃迁，从而使得其在室温下产生长寿命的磷光（Tang et al., 2021）。

第三节　半纤维素的结构特性与发光特性

一、半纤维素的结构特性

半纤维素广泛存在于植物中，针叶材含15%～20%，阔叶材和禾本科草类含15%～35%。半纤维素为链状或者多支状分子结构。根据其结构不同，半纤维素可分为木聚糖、甘露聚糖、木葡聚糖和混合键合β-葡聚糖四大类。半纤维素的基础组成单位为戊糖、己糖、半乳糖与糖醛酸。针叶材的主要半纤维素是聚半乳糖葡萄糖甘露糖类，而阔叶材和禾本科草类是聚木糖类（Qaseem et al., 2021）。

二、半纤维素的发光特性

半纤维素也表现出同纤维素类似的发光特性，其分子中的醚键（—O—）、羟基

（—OH）、羰基（C＝O）和羧基（—COOH）等结构，也倾向于形成可以发光的团簇。团簇发光的波长通常为400～450nm。与此同时，半纤维素也具有室温磷光效应，其室温磷光性能与其分子量大小及结晶性等因素密切相关。袁望章、彭锋等在该领域开展了大量卓有成效的工作（Tang et al.，2021）。

第四节　木质素的结构特征、发光特性及光热特性

一、木质素的结构特征

木质素是丰富程度仅次于纤维素的生物聚合物，是一种非晶生物大分子，具有三维网络结构，主要由三个苯丙烷单元［愈创木基（G）、紫丁香基（S）和对羟基苯基（H）］通过β-O-4醚键交联（50%以上）。另外，木质素中含有丰富的官能团，如O-甲氧基（O—CH$_3$）、醚键（—O—）、羧基（—COOH）、苄醇羟基（ph—CH$_2$OH）、碳碳双键（C＝C）、酚羟基（ph—OH）、羰基（C＝O）和苯环等官能团。这些官能团可进一步烷基化、羟基甲基化、酯化和酰化，影响木质素的发光性质（Ge et al.，2023）。

二、木质素的发光特性

木质素作为芳香族化合物，是一种天然的荧光团，其最大发射光波长在400～500nm，通常呈现出蓝色荧光。当前木质素荧光研究可以分为两大类：第一类是将木质素看作单一荧光团或多荧光团间的线性加和系统，通过对比不同结构模型物与真实木质素的荧光性质，来研究与改良其荧光特性；第二类则以木质素荧光团间的聚集耦合态为对象，通过研究木质素荧光的基本性质和变化规律揭示其耦合作用机制，阐明发光机制。

由于木质素具有非常复杂的化学与电子结构，其荧光发射机制目前还没有统一定论。目前来说公认的木质素发光机制主要有两种。①经典共轭发光机制：木质素中的G、S、H官能团本身具有一定的共轭结构，在紫外光激发后产生π-π*跃迁或者n-π*跃迁，诱导出荧光。②聚集诱导发光机制：由于木质素较强的三维网络结构及分子内/分子间氢键作用，木质素中的苯环单元及其相关的含氧官能团运动受限，导致分子运动诱导的非辐射跃迁通道受阻，因此木质素在受到光子激发后，激发态能量只能以辐射跃迁的方式进行释放，从而产生荧光（申琪等，2022）。

编者课题组以结构保留较为完整的酶解木质素为模型，探索了木质素的荧光发射原理（Ma et al.，2018），发现酶解木质素在碱性的极稀溶液中呈现出蓝色荧光。众所周知，在极稀碱溶液状态下，木质素的分子内/分子间作用力会很弱，其分子呈现舒张状态。因此，其荧光发射可归结于木质素中的G、S、H官能团在紫外光激发后产生π-π*跃迁或者n-π*跃迁。在该溶液中滴加不良溶剂（乙醇）后，木质素形成了纳米组装体，其分子运动受限，木质素荧光强度也随着纳米组装体的形成而大大增强，这就说明了木质素中也存在聚集诱导发光机制。邱学清课题组（Wang et al.，2022）也基于传统的共轭发光和聚集诱导发光理论，分别从木质素胶团间/胶团内等不同聚集维度和溶剂极性、

pH、离子强度、阳离子添加剂等不同溶剂环境角度，对木质素的聚集荧光行为和机制进行了较为系统的研究。总体来说，木质素的发光很难完全归结于其中的一种发光机制，可能是两种发光机制共同协作的结果。木质素除可发出荧光外，其分子在被限域在实体木材细胞壁、高分子材料及无机基质中时也可发出室温磷光。该类室温磷光的产生主要可归结于：外界的限域基质可以和木质素间形成广泛的氢键作用，从而稳定木质素的三线态激子，使得其以辐射跃迁的方式从三线态回到基态，从而发出室温磷光。编者所在团队报道了首例木质素的室温磷光现象及利用工业木质素实现室温磷光余辉材料的制备（Yuan et al.，2021）。

三、木质素的光热特性

固体状态或者高浓度溶液的状态下，木质素分子中的G、S与H等苯环结构单元易形成平面堆积，使得其在光子激发下产生的激子易通过非辐射跃迁的方式回到基态，从而产生光热转换现象。值得注意的是，固体状态下的木质素还具有较宽的光子吸收特性，广泛吸收与利用太阳光子能量，并将其转化为热量。光热转化效率约为20%（Zhao et al.，2021）。

第五节　木材提取物的种类、结构与光学特性

木材中的提取物种类特别丰富，包括萜类、多酚类、植物碱与松香酸等。由于这些物质中的大部分都具有苯环或者较大的共轭结构，因此这些物质都有着荧光发射特性（Yang et al.，2022；Pattanayak et al.，2016；Nabais et al.，2021；Erez et al.，2011；Cherry et al.，1968）。与木质素类似，这些物质的荧光发射原理也可大致分为两类：经典的共轭发光与聚集诱导发光。此外，多酚类的物质在限域条件下也呈现出较长寿命的室温磷光发射特性。

如前所述，在固体状态或者高浓度溶液的状态下，大部分含有苯环结构的提取物分子中的苯环结构单元容易形成平面堆积，使得其在光子激发下产生的激子易通过非辐射跃迁的方式回到基态，从而产生光热转换现象。此外，固体状态下的植物芳香提取物也呈现出较宽的光子吸收特性，将吸收的太阳光子能量转化为热量。

值得注意的是，这些提取物除了具有发光特性外，其本身也具有一定的生物活性，因此利用这些提取物构建相关的发光与光热材料，往往都具有多种功能，特别适合应用于生命健康与诊疗领域。

第六节　木材芳香组分中的光学行为调控

一、基于分子内电荷转移的光学行为调控

木材组分分子中给电子基团的给电子能力或者吸电子基团的吸电子能力越强，分子

内电荷转移（ICT）效应越强，波长越长，荧光强度也会增强。当分子官能团与金属离子配位时，其作用可增强吸电子能力，加强分子内电荷转移，基态和激发态的能极差减小，波长因此发生红移。与之相反，当分子与给电子基团结合后，会抑制其分子内电荷转移，基态和激发态的能极差增大，波长就会发生蓝移（张帅帅，2020）。

在ICT中，有一种情况是扭曲的分子内电荷转移（TICT）。当分子处于激发状态时，由于发生了强烈的分子内光致电荷转移，与芳环共平面的给电子基团会绕单键旋转至正交状态。原有的ICT荧光猝灭，部分电荷转移变为完全电子转移，形成不发射荧光或发射弱的长波长荧光的TICT激发态。

二、基于能量转移的光学行为调控

处在激发态的分子将其激发能转移给其他客体分子后跃迁回基态，被激发的分子从基态跃迁到激发态，这个过程即为能量转移。根据能量供体和受体间相互作用的距离可以分为电子能量转移和荧光共振能量转移。当供体和受体的距离较小时，发生的即为能量转移（EET）过程。荧光共振能量转移（FRET）属于能量转移中的另一种。供体和受体的荧光基团不同，当供体的发射光谱与受体的吸收光谱有一定的重叠时，供体荧光分子的激发能诱发受体分子发出荧光，但供体自身的荧光强度会衰减。当两个荧光基团之间的距离在10～100nm时，就能观察到荧光能量由供体向受体转移的现象，当间距变长，FRET就会显著减弱。另外，供体和受体的偶极矩需要按一定方式排列，这也是发生FRET的必要条件。供体基团被激发后，一部分或者全部能量会转移给受体，使其被激发。整个过程没有光子参与，没有发射和重新吸收，属于非辐射过程。如果受体的荧光量子产率为零，则荧光猝灭；如果受体是荧光发射体，则会表现出受体本身的荧光，并伴随着红移现象的发生。值得注意的是，在EET与FRET中，碳点既可以作为能量供体也可作为受体（Chen et al.，2019）。

三、基于激发态分子内质子转移的光学行为调控

激发态分子内质子转移（ESIPT）是生物过程中基本的质子转移方式之一。碳点被激发跃迁到激发态后，某基团上的质子会通过分子内氢键转移到邻近的N、S和O等杂原子上，形成互变异构体。ESIPT化合物具有其独特的E-E*-K*-K-E四能级跃迁，其中，E和E*分别代表醇式（enol）结构的基态与激发态，K和K*则分别代表酮式（keto）结构的基态与激发态。在荧光光谱中会有两个发射峰同时出现，对应醇式结构和酮式结构，同时伴有红移现象发生。ESIPT的质子转移很快，所需时间为几分之一皮秒到几十皮秒（He et al.，2018a；Long et al.，2019）。

四、基于光致电子转移的光学行为调控

光致电子转移（PET）分为两种类型：一种是处于激发态的分子作为受体，被还原而荧光猝灭，即a-PET；另一种是处于激发态的分子作为给体，被氧化而荧光猝灭，即

d-PET。总体来说，这种行为是有溶剂依赖性的，尤其在极性溶剂中更有效。在分子增敏材料和分子基光催化材料中，光诱导电子转移过程非常重要。

本 章 小 结

在木材仿生光学中，有两个关键点：①深入理解与挖掘木材组分中的"分子结构-光理化特性"构效是木材仿生光学中的核心要义；②在此基础上，需借鉴传统光物理或者光化学中的经典分子光学调控理论，利用化学改性或者物理复合等方法对木材组分的物理、化学与电子结构进行调控，进而控制其相关的光学行为。当然，要实现这两点有很多挑战，例如，木材及其组分分子，尤其是木质素与一些复杂提取物的结构并不清晰，且化学活性较低、修饰位点较少，在未来的发展与探索中，需针对相关问题进行科研攻关。

第三章

木材仿生光学中的荧光碳点材料

本章彩图

第一节　碳点的定义

　　碳点（carbon dots，CDs）是一类粒径小于10nm的新型碳纳米材料（Kang and Lee，2019）。2004年Xu等在用电弧放电法制备碳纳米管的电泳纯化过程中偶然发现了一种发光的碳颗粒（Xu et al.，2004）。不同于传统黑色碳材料，碳点独特的光致发光特性引起了人们的广泛关注。与有机染料、稀土材料和半导体量子点等传统发光材料相比，碳点具有水溶性高、化学惰性强、易功能化、耐光漂白、低毒性、生物相容性好等优点，在生物标记、荧光成像、药物传递等领域有广阔应用前景（Li et al.，2021；Han et al.，2018；Kang and Lee，2019；Hu et al.，2019；Li et al.，2021）。碳点是优秀的电子受体和供体，碳点独特的光电子转移特性使其在光能转换、光伏器件和催化等方面有潜在的利用可能（Wang et al.，2019；Xiao et al.，2021；Xiong et al.，2018）。

第二节　木材组分转化为碳点的方法

　　国内外众多研究人员开发了一系列制备碳点的方法，可分为两种：自上而下法（Top-down）和自下而上法（Bottom-up）。自上而下法是一个由大变小的过程，碳点是由相对宏观的碳源制备的（张卜等，2017；丁倩倩等，2022）。自下而上法中的前驱体需要作为种子进行培养，成长为碳点，是由小变大的过程。同时，也可以将两种方法结合使用制备碳点。大部分木材组分都是通过自下而上法，通过水热手段转化为碳点。通常来说，纤维素、半纤维素等多糖类木材组分，可以在较低的水热温度下形成碳点。这主要是因为多糖类物质在水热条件下很容易发生糖链解聚、活性中间体缩聚及脱水成碳等过程。与多糖类木材组分不同，在将含有芳香类（苯环结构）木材组分如木质素、植物多酚等转化为碳点时，则需要更高的温度与压力，这主要是因为这一类物质比较稳定，在一般温度下很难进行分解、重组与碳化。具体来说，木材组分转化为碳点可以由以下制备方法实现。

一、水热碳化法

　　水热碳化法属于溶剂热碳化，这是一种低成本、无毒绿色环保的方法。现在已有研究人员用多类包括木材组分在内的天然产物制备新型碳点材料。值得注意的是，在水热碳化过程中，有很大一部分碳原料没有发生反应，而且也没有很好的方法充分利用这些剩余的材料。虽然水热合成法是一种绿色简便的方法,但是仍有缺点,如很难控制粒径大小、转化率较低等。

二、化学氧化法

化学氧化法中用化学氧化剂如过氧化氢和氧化性酸等,可以促进天然产物的碳化,从而制备碳点。一般来说,首先对天然产物进行碳化,然后用化学氧化剂氧化碳化物,制得荧光碳点。虽然化学氧化法制备的碳点表面容易被修饰,荧光发射也可以进行改变,但是仍然还有一些缺点和问题,例如,氧化试剂会残留在碳点中,使其带有生物毒性,这就与使用碳点的原因相悖。

三、微波法

微波法是一种高效省时的合成方法,微波的原位瞬态加热可显著提高碳点的转化效率与产率。但是,微波法一般只适用于溶解性较好的碳源,且受制于仪器与设备,此方法不适用于碳点的宏量制备。

四、热解分解法

热解分解法是一种传统的制备碳点的方法,是对天然产物进行加热,形成炭黑材料,从中分离纯化碳点。该方法会在实验中产生大量炭渣,碳点转化率较低。另外,制备碳点过程中所消耗能量较高。

五、分子聚集法

分子聚集法属于自下而上法。与水热碳化不同的是,这种方法不需要加热或者其他能量输入。编者课题组研发了一种从生物质材料中通过分子聚集制备碳点的新方法。木质素在溶液中形成了J型聚集体,这些聚集体促进了荧光发射。制备的碳点具有低毒性和生物相容性,可以作为生物成像材料。在可见光和近红外光的辐射激发下,碳点可以同时具有上转换和下转换发射性质。这种方法的局限性有两种:一是生物质必须要含有芳香族结构;二是因为J型聚集体对外界的干扰很敏感,所以由聚集形成的碳点化学稳定性不高。

第三节 荧光碳点的结构与光理化性质

碳点表面的元素以C和O为主,其中sp^2杂化碳占主导,表面大多富含与氧有关的官能团。多数碳点由结晶区和无定形区构成,其晶格间距一般与石墨或涡轮层碳一致。

碳点不仅在紫外区域有光吸收,还可以延伸到可见光范围内。在紫外-可见吸收光谱中，部分碳点的紫外-可见吸收光谱会有肩峰，这是因为C—C键的p-p*跃迁和C═O键的n-p*跃迁。碳点较短的吸收可能是因为在其制备过程中，木材组分不能形成较大的共轭石墨烯结构域。

碳点一般呈现出激发依赖性荧光发射。目前对荧光发射机制的研究较少，较为可能的机制包括表面钝化/缺陷、量子尺寸效应、表面态效应，以及边缘态和碳核态效应，目前没有任何一种机制可以完全地解释碳点的发光原理。表面官能团、表面氧化程度、量子尺寸效应/共轭sp²域效应和元素掺杂等策略通常被用来调节碳点的光学性能。

第四节　绿原酸荧光碳点的制备及复合膜检测性能研究

一、绿原酸荧光碳点的制备及其特性概述

以绿原酸作为原料，采用分子聚集自组装法制备荧光碳点，将绿原酸荧光碳点掺杂于聚乙烯醇（PVA）膜中，制备了一种透明的可用于食品质量监测的复合膜（图3-1）。

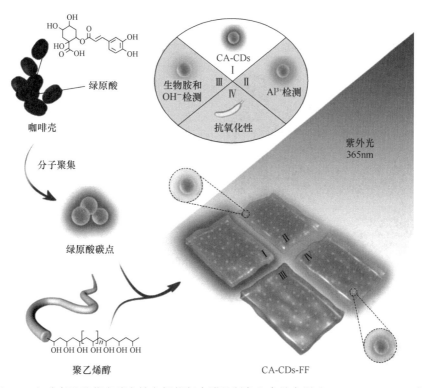

图3-1　咖啡壳酚酸荧光碳点掺杂智能复合膜的制备和食品应用（Zhang et al.，2020）

碳点制备：称取100μg绿原酸，溶解在10mL的无水甲醇中，超声10min使溶液混合均匀。溶液在室温放置2d后，即可得到目标产物绿原酸碳点（chlorogenic acid carbon dots，CA-CDs）溶液。使用旋转蒸发仪除去CA-CDs溶液的溶剂，得到粉末产物。

薄膜制备：称量5g聚乙烯醇（聚合度1750±50），溶解在100mL的蒸馏水中。在

90℃下使PVA完全溶解后，冷却至室温。将CA-CDs溶液逐滴加入PVA溶液中（重量百分比wt＝0.05%），搅拌超声使CA-CDs分散均匀，继续超声除气泡。将CA-CDs/PVA混合溶液倒入有机玻璃槽中，保持水平放置，室温干燥，得到掺杂CA-CDs的PVA荧光膜（chlorogenic acid carbon dots doped fluorescent food packaging film，CA-CDs-FF）。

二、荧光碳点的形貌表征

通常选择透射电子显微镜（transmission electron microscope，TEM）来观察碳点的形貌，TEM可以看到在光学显微镜下无法看清的小于0.2μm的细微结构，这些结构称为亚显微结构或超微结构。要想看清这些结构，就必须选择波长更短的光源，以提高显微镜的分辨率。1932年Ruska发明了以电子束为光源的透射电子显微镜，电子束的波长要比可见光和紫外光短得多，并且电子束的波长与发射电子束的电压平方根成反比，也就是说电压越高波长越短。TEM的分辨率可达0.2nm。选择TEM来表征CA-CDs的形貌和结构，从图3-2A的大图中可以观察到碳点分布较为均匀，粒子形状近似球体，左上角的小图是其中一个粒子的高分辨透射电镜图（HRTEM），晶纹结构清晰可见，晶纹间距为0.21nm，证明CA-CDs具有类石墨结构。图3-2B是CA-CDs的粒径分布图，绿原酸溶解于无水甲醇后，经过分子聚集自组装，形成了直径在1.4～3.4nm的CA-CDs，大部分碳点的直径在2.0～3.0nm。

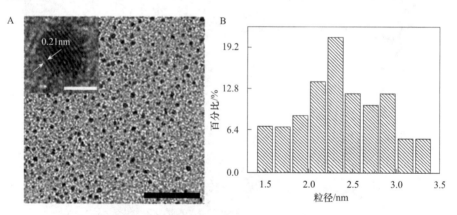

图3-2　CA-CDs的TEM图（A）和粒径分布图（B）（Zhang et al.，2020）
A图比例尺为50nm，左上角插图的比例尺为2.5nm

三、荧光碳点的结构表征

傅里叶变换红外光谱（Fourier transform infrared spectroscopy，FTIR）是一种利用傅里叶变换的数学处理，将计算机技术与红外光谱相结合的分析鉴定方法，主要由光学探测部分和计算机部分组成。当样品放在干涉仪光路中时，分子中的化学键或官能团可发生振动吸收，不同的化学键或官能团吸收频率不同，由于吸收了某些频率的能量，使所得的干涉图强度曲线相应地产生一些变化，通过数学的傅里叶变换技术，可将干涉图上的每个频率转变为相应的光强，而得到整个红外光谱图，根据光谱图的不同特征，可鉴定未知物的功能团、测定化学结构、观察化学反应历程、区别同分异构体、分析物质的纯度等。图3-3为样品CA-CDs的FTIR谱图。3318cm^{-1}处的宽峰是属于绿原酸的—OH的伸缩振动。2952cm^{-1}处是—CH$_3$的伸缩振动峰。在1682cm^{-1}处是C═O的伸缩振动，在1636cm^{-1}处则是C═C双键的伸缩振动。在1600cm^{-1}、1517cm^{-1}和1439cm^{-1}处是芳香环的伸缩振动，在1281cm^{-1}、1177cm^{-1}和1105cm^{-1}处则是属于醇和酚的C—O伸缩振动，在1080cm^{-1}处的峰是属于C—O—C的伸缩振动。X射线光电子能谱技术（X-ray photoelectron spectroscopy，XPS）是电子材料与元器件显微分析中的一种先进分析技术。X射线电子能谱分析的基本原理是一定能量的X射线照射到样品表面，和待测物质发生作用，可以使待测物质原子中的电子脱离原子成为自由电子。待测样品的各种元素都有各具特征的电子结合能，因此在能谱图中就出现特征谱线，可以根据这些谱线在能谱图中的位置来鉴定周期表中除H和He以外的所有元素。通过对样品进行全扫描，在一次测定中就可以检出全部或大部分元素。图3-4为CA-CDs的XPS谱图，表3-1是CA-CDs的XPS数据，可以看出CA-CDs是由C和O两种元素构成的，含量比为66.7∶33.3，这符合绿原酸的分子式。如图3-5所示，C1s的特征吸收峰位于284.5eV，CA-CDs中存在sp^{2}和sp^{3}类型的碳原子，包括C—H、C—C和C═C键（284.5eV），C—O键（286.1eV），C═O（288.0eV），—COOR键（289.2eV）。如图3-6所示，O1s的特征吸收峰位于532.6eV，CA-CDs表面存在C═O键（531.6eV）、C—O和C—O—C键（532.6eV）、Ar—OH和O═C—O键（533.8eV）类型的氧原子。综合FTIR和XPS的数据，可以证明CA-CDs表面存在含有酚羟基基团的共轭结构，符合光致发光碳点的特点。

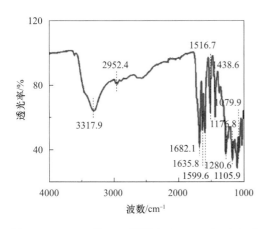

图3-3　CA-CDs的FTIR谱图（Zhang et al.，2020）

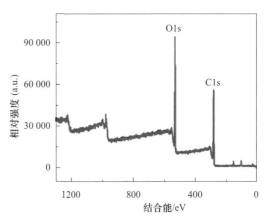

图3-4　CA-CDs的XPS谱图（Zhang et al.，2020）

表3-1　CA-CDs的XPS数据（Zhang et al.，2020）

名称	峰位	半峰宽/eV	面积	相对含量/%
C1s	284.50	1.91	23 047.55	66.70
O1s	532.60	2.25	28 275.14	33.30

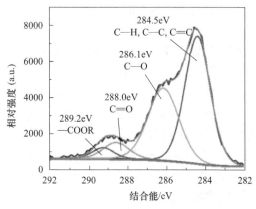

图3-5　CA-CDs的C1s谱图（Zhang et al.，2020）

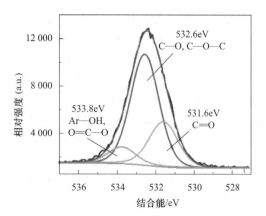

图3-6　CA-CDs的O1s谱图（Zhang et al.，2020）

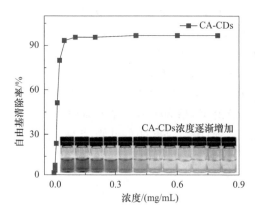

图3-7　CA-CDs的抗氧化能力测试
（Zhang et al.，2020）
插图为加入不同浓度CA-CDs的DPPH溶液的颜色变化

四、荧光碳点的抗氧化性分析

从图3-1可知，绿原酸是一种具有抗氧化性的酚酸化合物，因此，我们预测CA-CDs应该具有相同的抗氧化性能。采用DPPH方法对CA-CDs的抗氧化能力进行测试，如图3-7所示。从插图可见随着CA-CDs浓度的增加，溶液颜色从深紫色逐渐变为淡黄色。黑色线表示实验数据，可得知当CA-CDs浓度为0.1mg/mL时，自由基清除能力可以达到95%以上。当CA-CDs溶液浓度在0～25μg/mL时，自由基清除率（y）和溶液浓度（x）的线性正相关公式为$y=3292.12x+1.67$，$R^2=0.979$。

五、荧光碳点的光学性质表征

图3-8所示为CA-CDs的光学性质表征。图3-8A中黑色线是CA-CDs紫外-可见吸收光谱，完全符合绿原酸标准品的特征峰光谱，340nm为最大激发波长（紫色线），得到的发射光谱峰位在440nm处，为最大发射波长（红色线）。由右上角插图可见，日光灯下，CA-CDs溶液呈淡黄色，在波长为375nm的紫外灯的照射下，溶液发出亮蓝色荧光，与发射光谱结论一致。

图3-8B为发射光谱图。固定激发波长在280nm处激发，得到的发射峰出现在428nm处。随着激发波长的增加，发射光谱的强度先增加后减小，证明CA-CDs具有激发依赖性。

图3-9为CA-CDs在不同pH下的荧光光谱，pH=9时，发射光谱的强度达到最高，荧光强度随着pH的变化而变化，结果证明了CA-CDs的pH依赖性。

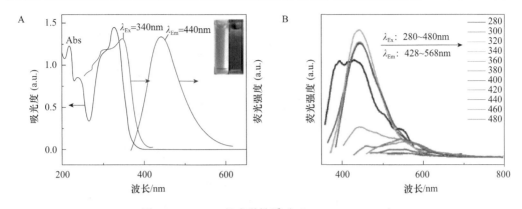

图3-8 CA-CDs的光学性质（Zhang et al.，2020）

A．CA-CDs的紫外-可见吸收光谱、激发光谱和发射光谱，插图为CA-CDs溶液在日光（左）和
375nm紫外光（右）照射下的图片；B．CA-CDs的发射光谱图

六、复合膜的结构、物理与光学特性分析

根据对绿原酸荧光碳点的性能分析，将其掺杂于PVA膜中，制备出一种智能复合膜。扫描电子显微镜（scanning electron microscope，SEM）是一种介于透射电子显微镜和光学显微镜之间的电子显微镜。其利用聚焦得很窄的高能电子束来扫描样品，通过光束与物质间的相互作用来激发各种物理信息，对这些信息收集、放大、再成像以达到对物质微观形貌表征的目的。新式的扫描电子显微镜的

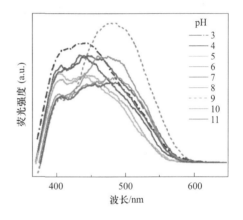

图3-9 CA-CDs在不同pH下的荧光光谱图
（Zhang et al.，2020）

分辨率可以达到1nm；放大倍数可以达到30万倍及以上，并连续可调；景深大，视野大，成像立体效果好。扫描电子显微镜在科学研究领域具有重要作用（凌研，2018）。通过扫描电子显微镜图能够表征样品的表面形貌，如图3-10所示：A图和B图分别为PVA膜和CA-CDs-FF的表面SEM图，表面平整光滑，但纯PVA膜看起来更干净，CA-CDs-FF能看出一些小颗粒；C图和D图分别为PVA膜和CA-CDs-FF的断面SEM图，并没有明显的区别。

原子力显微镜（atomic force microscope，AFM）是一种可用来研究包括绝缘体在内的固体材料表面结构的分析仪器。它通过检测待测样品表面和一个微型力敏感元件之间极微弱的原子间相互作用力来研究物质的表面结构及性质。将一对微弱力极端敏感的微悬臂一端固定，另一端的微小针尖接近样品，这时它将与其相互作用，作用力将使得微悬臂发生形变或运动状态发生变化。扫描样品时，利用传感器检测这些变化，就可获得作用力分布信息，从而以纳米级分辨率获得表面形貌结构信息及表面粗糙度信息。因此，可以通过原子力显微镜来表征样品的表面结构，如图3-11所示：A图为PVA膜的表

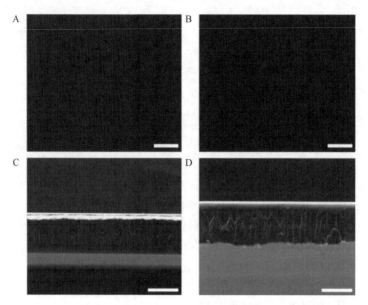

图 3-10 PVA 膜与 CA-CDs-FF 的 SEM 图像（Zhang et al.，2020）

A、B 图分别为 PVA 膜和 CA-CDs-FF 的表面 SEM 图，比例尺为 20μm；

C、D 图分别为 PVA 膜和 CA-CDs-FF 的断面 SEM 图，比例尺为 50μm

面结构，平坦无凸起，平均表面粗糙度（Ra）为 1.5nm；相比之下，CA-CDs-FF 表面有凸起（B 图），白线上的颗粒表面粗糙度在 4.8～5.8nm。这些结果与 TEM 和 SEM 的结果一致，可以证明 CA-CDs 成功加入且很好地均匀分布于 PVA 膜中，没有发生结构上的变化。

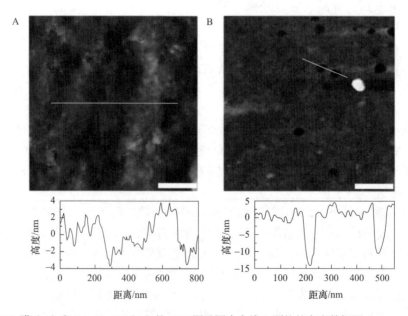

图 3-11 PVA 膜（A）和 CA-CDs-FF（B）的 AFM 图及图中白线上颗粒的高度数据图（Zhang et al.，2020）

比例尺为 0.2μm

　　PVA 膜和 CA-CDs-FF 的物理性能数据对比如表 3-2 所示。CA-CDs-FF 的平均拉伸强度和平均断裂伸长率分别为 33.56MPa 和 94.9%。与纯 PVA 膜相比，数据都略有下降，这是因为 CA-CDs 的加入，破坏了 PVA 膜本身的结构，但是数据下降得不多，因此在前面的表征结果中，并没有太大的影响。用作包装膜的材料的透气性和透湿性，可以影响物品的保质期，因此可以作为衡量膜材料质量的指标。PVA 膜和 CA-CDs-FF 的水蒸气透过率分别为 3.1359×10^{-11}g/（s·m·Pa）和 5.8641×10^{-11}g/（s·m·Pa）。CA-CDs-FF 对水蒸气的渗透性略高于 PVA 膜，是因为 CA-CDs 具有很好的水溶性和亲水性。PVA 膜和 CA-CDs-FF 的 CO_2 渗透系数分别为 1.233×10^{-6}cm³/（m²·24h·0.1MPa）和 1.330×10^{-6}cm³/（m²·24h·0.1MPa）。虽然 CA-CDs-FF 对 CO_2 的渗透率略高于 PVA 膜，但低于目前商业中应用的膜材料。CA-CDs-FF 的透光率为 88.31%，略逊于 PVA 膜，结果符合前面的表征结果，也侧面证明了 CA-CDs 已混合在 PVA 膜中，形成了一个物理性能可以与 PVA 膜媲美的复合膜，具有良好的机械性能且透气性透湿性较低。

表 3-2　**PVA 膜和 CA-CDs-FF 的物理性能**（Zhang et al., 2020）

样品	平均拉伸强度 /MPa	平均断裂伸长率 /%	水蒸气透过率 /［g/(s·m·Pa)］	CO_2 渗透系数 /［cm³/(m²·24h·0.1MPa)］
PVA 膜	36.10	101.6	3.1359×10^{-11}	1.233×10^{-6}
CA-CDs-FF	33.56	94.9	5.8641×10^{-11}	1.330×10^{-6}

　　图 3-12 为透光率（T）的谱图，在波长 200～400nm，CA-CDs-FF 的透光率要低于 PVA 膜的透光率，这也许是膜内绿原酸的吸收引起的，而在 400～800nm，两种膜的透光率能达到 88% 以上，证明 CA-CDs-FF 的透明度很高。插图为将 CA-CDs-FF 放在花朵上的照片，膜不可见，而花朵清晰可见，足以证明 CA-CDs-FF 的透明度非常高。

　　图 3-13 所示为膜的照片：A 图和 B 图为在日光下 PVA 膜和 CA-CDs-FF 本身的颜色，两图均无色透明，不能有所区分。但是在 375nm 紫外灯的照射下，PVA 膜是紫色的（C 图），这是紫外灯反射的颜色，而 CA-CDs-FF 呈明显的亮蓝色荧光（D 图），跟 CA-CDs 溶液在紫外灯下的颜色是一样的。由此，可以更加证明 CA-CDs 已成功加入 PVA 膜中并形成了一种荧光复合膜。

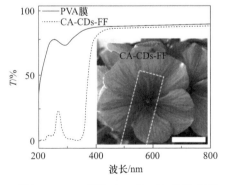

图 3-12　PVA 膜和 CA-CDs-FF 的透光率
（Zhang et al., 2020）
插图为 CA-CDs-FF 放在花朵上的照片。
比例尺为 2cm

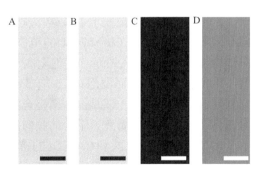

图 3-13　PVA 膜和 CA-CDs-FF 在日光及
紫外光下的照片（Zhang et al., 2020）
A、B 图分别为 PVA 膜和 CA-CDs-FF 在日光下的照片；C、D 图分别为 PVA 膜和 CA-CDs-FF 在 375nm 紫外灯下的照片。比例尺为 1cm

进一步探索CA-CDs-FF的光学性能。受CA-CDs的pH依赖性启发，接着研究CA-CDs-FF在不同pH下的荧光强度。如图3-14所示，当pH增加时，荧光强度会增加，pH为9时，荧光强度最大。

图3-15为对CA-CDs-FF的光稳定性研究。4',6-二脒基-2-苯基吲哚（DAPI）具有很高的光漂白承受能力，可作为对比实验组。将0.5mL DAPI、0.5mL CA-CDs和PVA溶液混合配制成一份4mL混合溶液，加入四通比色皿中，放在375nm紫外灯下照射。100min后，CA-CDs-FF的荧光强度下降了30.4%，而只含有DAPI和PVA的溶液的荧光强度则下降了64.5%。由此可见，CA-CDs-FF的抗光漂白能力要强于PVA膜，意味着这种膜材料可以长时间在紫外灯下使用。

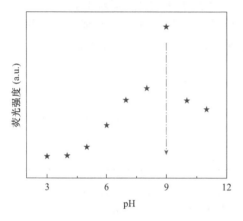

图3-14　CA-CDs-FF在不同pH下的荧光强度
（Zhang et al.，2020）

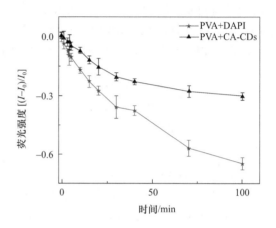

图3-15　CA-CDs-FF和DAPI的抗光漂白能力
（Zhang et al.，2020）

*I*为紫外灯照射后的荧光强度，I_0为没有紫外灯照射的荧光强度

已知酚羟基可以与金属离子螯合，因此研究者做了CA-CDs-FF与不同金属离子反应的实验测试。将裁成3cm×3cm的CA-CDs-FF浸泡在不同金属离子中，10min后取出，等待膜自然干燥后，用375nm紫外灯照射，如图3-16A所示。与CA-CDs-FF荧光颜色不同，Al^{3+}浸泡过的膜呈现了蓝绿色荧光。为了进一步探究，在CA-CDs的PVA溶液中加入不同浓度的$AlCl_3$溶液，得到了如图3-16B所示的荧光发射光谱图。随着Al^{3+}浓度的增加，发射光谱的峰位发生了红移，从446nm移动到了529nm，峰位区间正好符合图3-16A中的颜色变化。在0~570μL的范围内，随着Al^{3+}浓度的增加，CA-CDs-FF的荧光强度增加。如图3-16A所示，其他阳离子的加入并没有使荧光强度增加，Zn^{2+}既不增加也不降低荧光强度，而浸泡在Cu^{2+}、Fe^{2+}和Fe^{3+}溶液中的膜产生了明显的荧光猝灭。荧光强度的增强或降低，都是由金属螯合物的形成引起的，而金属螯合物的形成是因为酚羟基具有很强的与金属离子结合的倾向性。

受酚酸化合物绿原酸和CA-CDs的抗氧化能力的启发，继续探究CA-CDs-FF的抗氧化能力，如图3-17所示。CA-CDs-FF放置在DPPH乙醇溶液中2.5h后，自由基清除率达到了80%以上，比其他膜材料的效果都要好。CA-CDs-FF呈现了优异的抗氧化能力，可能是因为CA-CDs的存在，同时也可以证明碳点已成功加入PVA膜中。

图3-16的结果显示了Al^{3+}的存在会使CA-CDs-FF的荧光增强。图3-18是膜本身对

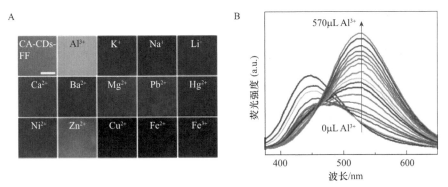

图3-16　CA-CDs-FF浸泡在不同金属离子溶液（0.5mg/mL）后在375nm紫外灯照射下的照片（A）和
CA-CDs-FF在不同浓度的AlCl₃溶液中的荧光强度（B）（Zhang et al.，2020）

A图中比例尺为1cm

比图：B图是加了Al^{3+}的CA-CDs-FF，明显发黄。对比紫外灯下的两种膜，加了Al^{3+}的
CA-CDs-FF（D图）呈亮蓝绿色。

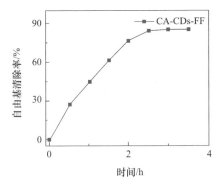

图3-17　CA-CDs-FF的抗氧化能力测试
（Zhang et al.，2020）

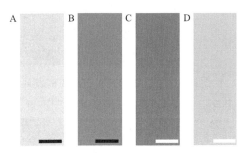

图3-18　CA-CDs-FF和CA-CDs-FF＋Al^{3+}在
日光（A和B）及紫外光（C和D）下的照片
（Zhang et al.，2020）

比例尺为1cm

为了进一步探索加入Al^{3+}的CA-CDs-FF内部发生的变化，采用多种手段进行表征。图3-19A所示是加有Al^{3+}的CA-CDs/PVA溶液的TEM图，加了Al^{3+}的碳点形貌呈球状，在图3-19B中可以得知碳点的粒径在1.5～5.5nm，大部分碳点的直径在2～4nm。从HRTEM图可以观察到清晰的晶格，且晶纹间距为0.21nm。与图3-2中CA-CDs的结果相比，没有明显的区别，这是因为CA-CDs和Al^{3+}发生了螯合，但Al^{3+}粒子直径过小而可以忽略不计。图3-20A和B分别是添加了Al^{3+}的CA-CDs-FF的表面和断面SEM图，表面光滑平整，有些许小颗粒，结构紧密，与图3-10B和D的CA-CDs-FF相似。图3-21A是加有Al^{3+}的CA-CDs-FF的AFM图，表面凹凸不平，白线穿过的颗粒的表面粗糙度为5.6nm，符合TEM和SEM结果。综合上述的结果，可以再次证明Al^{3+}成功加入CA-CDs-FF中，并且形成了CA-CDs-Al^{3+}金属螯合物。

基于这些结果，可以得出，Al^{3+}可以增强荧光强度是因为配位增强荧光（CHEF）

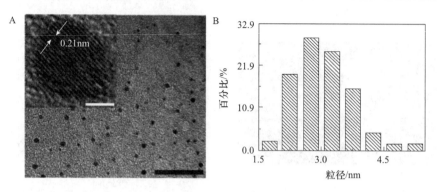

图 3-19 加入 Al^{3+} 的 CA-CDs/PVA 溶液的 TEM 图（A）和 CA-CDs/PVA 溶液的粒径分布图（B）
（Zhang et al., 2020）

A 图中比例尺为 20nm（插图：加入 Al^{3+} 的 CA-CDs/PVA 溶液的 HRTEM 图，比例尺为 5nm）

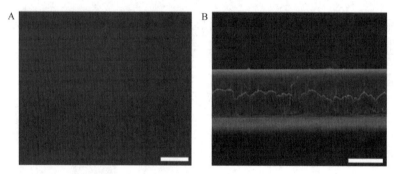

图 3-20 含有 Al^{3+} 的 CA-CDs-FF 的表面（A）和断面（B）SEM 图（Zhang et al., 2020）

A 图和 B 图比例尺分别为 20μm 和 50μm

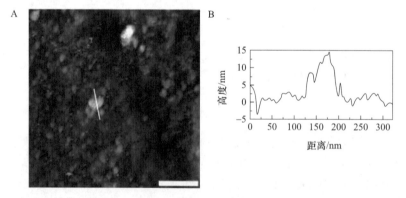

图 3-21 加有 Al^{3+} 的 CA-CDs-FF 的 AFM 图（A）和 AFM 图中白线上颗粒的高度数据图（B）
（Zhang et al., 2020）

A 图中比例尺为 0.2μm

机制和分子内电荷转移（ICT）机制，如图 3-22 所示。CHEF 荧光增强机制是由于受体 CA-CDs 的氧原子和客体 Al^{3+} 结合后，抑制了光诱导电子转移（PET）过程，荧光团发射增强荧光。同时金属离子配位作用还增强了吸电子基团的吸电子能力，加强了分子内电荷转移，基态和激发态的能级差减小，波长因此发生了红移。图 3-16B 中从 446nm 到 529nm 的大量红移就是由分子内电荷转移引起的。

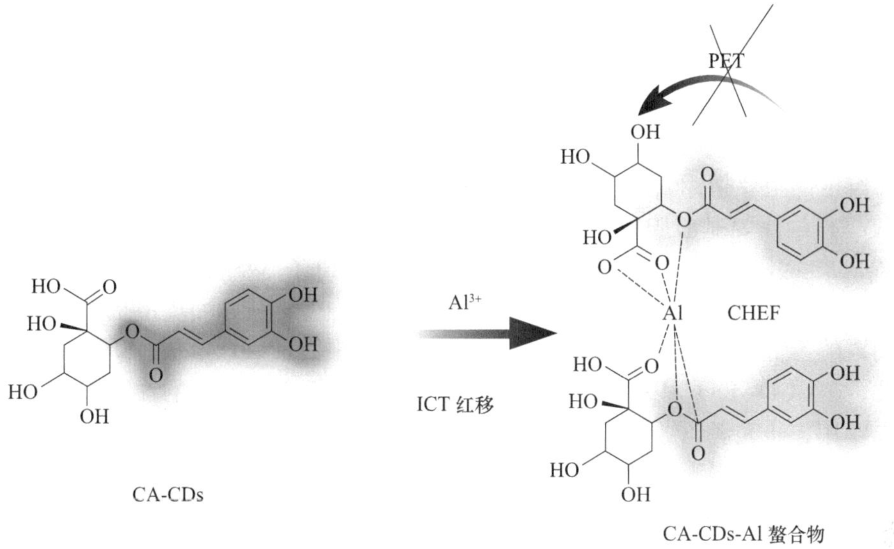

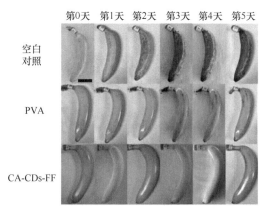

图3-22　Al^{3+}荧光增强机制示意图（Zhang et al.，2020）

PET.光诱导电子转移；CHEF.配位增强荧光；ICT.分子内电荷转移

七、复合膜的食品检测性能研究

由于CA-CDs和CA-CDs-FF展现出了优异的抗氧化能力，因此可以作为香蕉贮藏的涂层来延长保质期。图3-23中，新鲜的香蕉是金黄色的，表面光滑且无瑕疵。实验5d后，没有任何保护的香蕉成熟了，而且表面出现了黑点，甚至蔓延到了整个香蕉；仅涂抹PVA溶液的香蕉的表面出现了少量黑点；而涂抹了CA-CDs-FF溶液的香蕉表面仍然光滑无瑕疵，从外观看没有腐烂。这些结果证明了CA-CDs-FF具有良好的抗氧化能力，可以应用于水果保鲜贮藏，延长货架期。

图3-23　不涂（上）、涂抹PVA溶液（中）和涂抹CA-CDs-FF溶液（下）的
香蕉形貌图（Zhang et al.，2020）

比例尺为7cm

由于CA-CDs-FF的pH依赖性和Al^{3+}荧光增强性能，接下来研究了CA-CDs-FF在食

品监测中的潜在应用。根据图3-14中CA-CDs-FF的pH依赖性,探索了复合检测食品中的碱性物质的能力。KOH、Ca(OH)$_2$和NaOH是食品加工过程中常用的加工助剂,例如,将食品浸泡在NaOH溶液中会使其膨胀,让食品的颜色和外观看起来更加鲜艳,更有购买欲。但是食品中过量的残留物会威胁人体健康。食品中生物胺的含量也有望成为评价食品鲜度的重要指标。过量的生物胺会使人体中毒。在食品腐败过程中,微生物氨基酸脱羧酶作用于氨基酸脱羧而生成腐胺、精胺和尸胺等生物胺。从图3-24中可观察到,放置在皮蛋上的和浸泡在腐败牛奶中的CA-CDs-FF在375nm紫外灯下都呈现了明亮的蓝绿色荧光。这是因为巴氏消毒牛奶腐败后会产生生物胺,而皮蛋是一种用碱性物质腌制而成的传统中国美食,所需的碱性物质一般是生石灰、草木灰、Na$_2$CO$_3$和NaOH等。因此,CA-CDs-FF可用于食品中碱性添加剂的检测和食品腐败的预警。针对Al^{3+}的荧光增强作用,研究者还做了相应的实际应用实验。明矾(十二水合硫酸铝钾)作为食品添加剂加入油条、馒头、面条和膨化食品中,可以提高这类食品的膨胀速度和增大体积。然而过量的铝会损害中枢神经系统,引起神经系统病变,增加阿尔茨海默病的患病概率。根据《食品安全国家标准 食品添加剂使用标准》(GB 2760—2014)要求,食品中铝的残留量不得超过100mg/kg(干样品,以Al计)。选择中国传统早餐油条作为含Al^{3+}的食物样本,将CA-CDs-FF覆盖在油条表面,用375nm紫外灯照射,可以观察到明亮的蓝绿色荧光(图3-24)。这个结果表明CA-CDs-FF可以作为Al^{3+}的传感器,用以检测食品中Al^{3+}添加剂或残留物的存在。

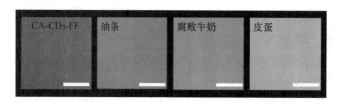

图3-24 375nm紫外灯下CA-CDs-FF和CA-CDs-FF放置在油条、腐败牛奶和皮蛋上的照片(Zhang et al.,2020)

比例尺为1cm

第五节 落叶松树皮多酚碳纳米点的制备及其在光聚合中的应用

碳点的制备方法为称取0.24g落叶松树皮多酚,溶于25mL无水乙醇中。彻底溶解后,加入200μL乙二胺溶液,继续搅拌均匀。然后转移至水热反应釜中,于180℃烘箱中水热8h。反应结束后,自然冷却至室温,产物经9000r/min离心处理10min,取上清液过0.22μm滤膜,除去沉淀。然后于烘箱中烘干,得到碳纳米点,记为C-NCDs。

同时,分别使用硼酸和硼酸钠作为掺杂试剂,对比两种硼掺杂试剂所制备碳纳米点的区别。与上述步骤相似,称取0.25g落叶松树皮多酚,室温下充分搅拌溶解于25mL无水乙醇中,然后转移至聚四氟乙烯内衬中,再加入0.24g硼酸混匀,在180℃烘箱中水热反应8h。后续处理步骤与上述一致,所得碳纳米点记为C-BCDs。与此类似，将碳纳米点原料改为0.25g落叶松树皮多酚与0.38g硼酸钠，按上述步骤处理，所得碳纳米点记为C-BCDs-Na。作为对比、未掺杂的样品，与上述制备方法同样处理，记为C-CDs（图3-25）。

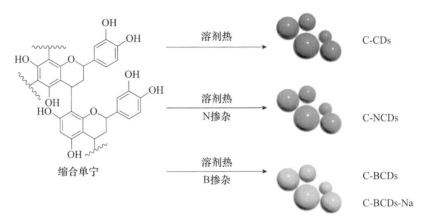

图3-25　用落叶松树皮多酚制备碳纳米点的示意图

一、TEM结果分析

采用TEM观察所制备碳纳米点的形貌。结果如图3-26所示，四种碳纳米点均呈现

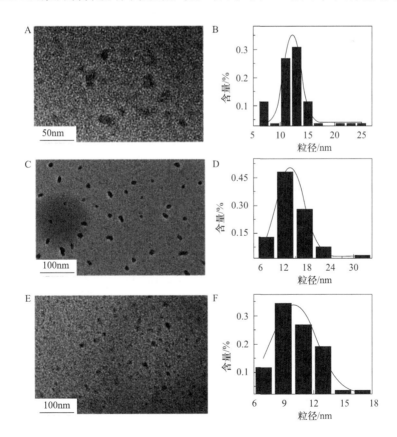

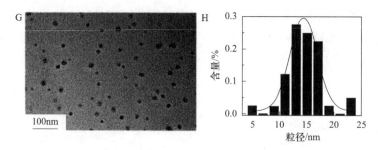

图3-26 不同碳纳米点的TEM图（左）及尺寸分布图（右）
A、B. C-CDs；C、D. C-NCDs；E、F. C-BCDs；G、H. C-BCDs-Na

出纳米点形貌。其中，C-NCDs为颗粒较大且不规则的形貌，C-BCDs-Na则呈现了碳纳米球的形貌。经统计分析，C-CDs、C-NCDs、C-BCDs、C-BCDs-Na四种碳纳米点的平均粒径分别为13.14nm、14.74nm、10.68nm、14.55nm。

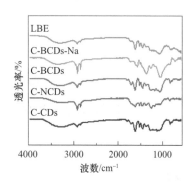

图3-27 C-CDs、C-NCDs、C-BCDs、C-BCDs-Na和LBE的FT-IR谱图

二、FT-IR分析

C-CDs、C-NCDs、C-BCDs、C-BCDs-Na和LBE的红外谱图如图3-27所示。3300cm^{-1}、1360cm^{-1}为—OH、—COOH的伸缩振动峰。2848cm^{-1}、2920cm^{-1}为—CH$_2$—的伸缩振动峰。1708cm^{-1}为C＝O的特征峰。与LBE相比，所制备的碳纳米点中，均保留了明显羟基的信号峰（3300cm^{-1}）。其他信号峰不能明显看出四种碳纳米点的区别，将在后续的章节中进行XPS表征，分析碳纳米点中的化学元素及成键情况。

三、XPS分析

四种碳纳米点的XPS谱图如图3-28所示，从图中能看到明显的C1s、O1s的峰。C-CDs、C-NCDs、C-BCDs和C-BCDs-Na中O的比例分别为20.14%、13.61%、12.75%、18.28%。添加了N或者B元素后，碳纳米点中的C/O比例出现了不同程度的上升（表3-3）。

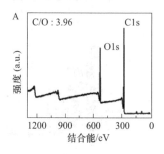
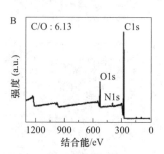

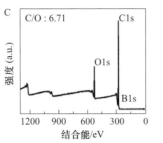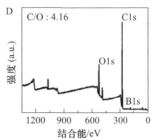

图 3-28　不同碳纳米点的 XPS 谱图

A. C-CDs；B. C-NCDs；C. C-BCDs；D. C-BCDs-Na

表 3-3　四种碳纳米点的 C、O 含量及 C/O

碳纳米点	C/%	O/%	C/O	碳纳米点	C/%	O/%	C/O
C-CDs	79.86	20.14	3.96	C-BCDs	85.58	12.75	6.71
C-NCDs	83.55	13.61	6.13	C-BCDs-Na	76.03	18.28	4.16

在四种碳纳米点的 C1s 高分辨谱图中，不同成键类型的比例总结在表 3-4 中。四种碳纳米点的成键类型没有很大的区别，但是各个键型的比例稍有不同（图 3-29）。C—C、C—O/C—N 和 C＝O 键的结合能分别为 284.8eV、286.4eV、288.6eV。在添加 N、B 元素以后，C—C/C＝C 的值比对照组明显上升，且与添加 N 元素相比，添加 B 元素上升得更明显。

表 3-4　四种碳纳米点的 C1s 数据　　　　　　　　　　（单位：%）

碳纳米点	C—C	C—O/C—N	C＝O	碳纳米点	C—C	C—O/C—N	C＝O
C-CDs	75.74	22.28	1.99	C-BCDs	85.71	12.39	1.89
C-NCDs	83.37	13.93	2.70	C-BCDs-Na	89.13	7.61	3.26

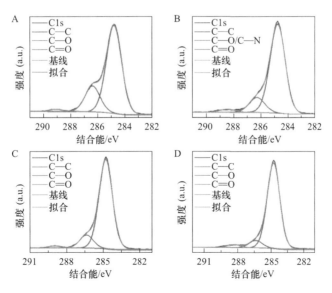

图 3-29　不同碳纳米点的 C1s 高分辨谱图

A. C-CDs；B. C-NCDs；C. C-BCDs；D. C-BCDs-Na

在 O1s 的高分辨谱图中，发现有四种 O 的成键类型总共有 4 种，分别为 O＝C、O—C、HO—C、O—C＝O，对应的结合能分别为 532.0eV、532.9eV、533.8eV、535.8eV，各个类型的峰的比例总结于表 3-5 中。根据分峰的结果，发现四种碳纳米点中依旧含有大量的羟基，比例分别为 22.11%、20.59%、28.68%、19.75%。说明经碳化处理之后，所制备的 C-CDs、C-NCDs、C-BCDs 和 C-BCDs-Na 碳纳米点中部分保留了原料中的酚羟基（图 3-30），这与 FT-IR 中的结果一致。此外，只有 C-BCDs-Na 中发现了 O—C＝O 的信号峰。这可能是由于硼酸钠呈碱性，而多酚在碱性条件下更容易被氧化，从而形成一些大分子的聚合结构。

表 3-5　四种碳纳米点的 O1s 数据　　　　　　　　（单位：%）

碳纳米点	O＝C	O—C	HO—C	O—C＝O
C-CDs	23.49	54.40	22.11	—
C-NCDs	18.17	61.24	20.59	—
C-BCDs	20.12	51.21	28.68	—
C-BCDs-Na	21.58	53.34	19.75	5.33

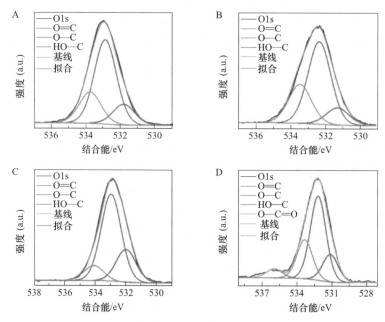

图 3-30　不同碳纳米点的 O1s 高分辨谱图
A. C-CDs；B. C-NCDs；C. C-BCDs；D. C-BCDs-Na

分别将碳纳米点中掺杂的 N 元素和 B 元素分峰处理，结果如表 3-6 和图 3-31 所示。N 元素主要的存在形式为 N—C 键（400eV），表明 N 元素嵌入了碳纳米点的网络中，形成吡啶 N 或者吡咯 N 的结构。而 B 元素主要以 B—C（192.18eV）及 B—O 的形式存在（192.90eV），表明 B 元素不仅能嵌入碳纳米点网络中形成 B—C 键，也能与羟基形成 B—O 键。

表3-6　C-NCDs的N1s数据及C-BCDs、C-BCDs-Na的B1s数据　（单位：%）

碳纳米点	N—C	N—H	B—C	B—O
C-NCDs	87.16	12.84	—	—
C-BCDs	—	—	67.27	32.73
C-BCDs-Na	—	—	75.19	24.81

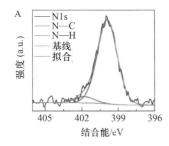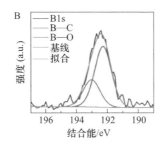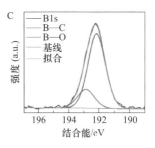

图3-31　不同碳纳米点的N1s和B1s高分辨谱图

A. C-NCDs的N1s高分辨谱图；B. C-BCDs的B1s高分辨谱图；C. C-BCDs-Na的B1s高分辨谱图

四、XRD分析

X射线衍射仪技术（X-ray diffraction，XRD）是通过对材料进行X射线衍射，分析其衍射图谱，获得材料的成分、材料内部原子或分子的结构或形态等信息的研究手段。X射线衍射分析法是研究物质的物相和晶体结构的主要方法。当某物质（晶体或非晶体）进行衍射分析时该物质被X射线照射产生不同程度的衍射现象，物质组成、晶型、分子内成键方式、分子的构型、构象等决定该物质产生特有的衍射图谱。碳纳米点通常由碳化的内核与表面的多功能官能团组成，在XRD的谱图中表现为无定形的宽峰。四种碳纳米点的XRD谱图如图3-32所示，所有的碳纳米点均只在20°附近出现一个宽峰，表明所合成的碳纳米点都为无定形结构，与文献报道中一致。

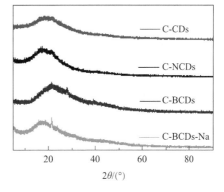

图3-32　C-CDs、C-NCDs、C-BCDs和C-BCDs-Na的XRD谱图

2θ表示衍射角

五、紫外吸收分析

紫外-可见分光光度法，又称紫外-可见吸收光谱法（ultraviolet and visible spectrum，UV-vis），是以紫外-可见光区域（200～800nm）电磁波连续光谱作为光源照射样品，研究物质分子对光吸收的相对强度的方法。物质中的分子或基团，吸收了入射的紫外-可见光能量，电子间能级跃迁产生具有特征性的紫外-可见光谱，可用于确定化合物的结构和表征化合物的性质。四种碳纳米点的紫外吸收谱图如图3-33所示，所有碳纳米

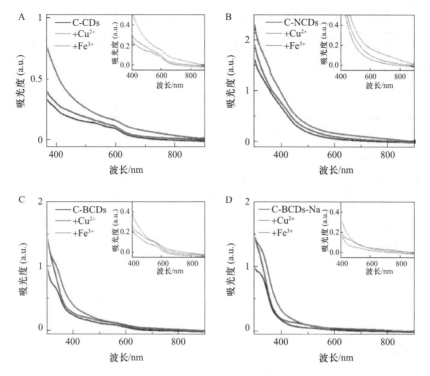

图3-33 不同碳纳米点的紫外吸收及滴加不同金属离子后的吸收谱图

A. C-CDs; B. C-NCDs; C. C-BCDs; D. C-BCDs-Na。右上角小图表示局部放大

点的吸收都拖尾至可见光区（>400nm）。在滴加Cu（Ⅱ）之后，碳纳米点的吸收出现略微的增强。而滴加Fe（Ⅲ）溶液之后，所有碳纳米点的吸收表现出增强的趋势，且出现了新的吸收带。这可能是由于使用落叶松树皮多酚作为碳源，碳纳米点的表面官能团中继承了原料中的酚羟基，这些酚羟基能与Fe（Ⅲ）发生特异性络合反应。因此，在紫外吸收图中出现配体-金属间的电子转移峰。

六、荧光发射光谱分析

四种碳纳米点的荧光发射光谱如图3-34所示，其中C-CDs、C-BCDs和C-BCD-Na的最大激发波长（Ex）均为330nm，荧光发射波长（Em）为400nm。而C-NCDs的最大激发波长为390nm，荧光发射波长为500nm。与未掺杂的C-CDs相比，B掺杂碳纳米点的荧光没有明显的区别，而N掺杂的碳纳米点的最大发射波长红移到了500nm。把激发波长调至420nm后，荧光发射波长也分别红移至520nm，表现出碳纳米点的激发依赖性。在滴加金属离子溶液之后，不论是Cu（Ⅱ）还是Fe（Ⅲ）均能明显猝灭碳纳米点的荧光发射。该结果表明，碳纳米点的激发态能与金属离子间发生电子转移，从而猝灭碳纳米点的荧光。

七、荧光寿命分析

四种碳纳米点的荧光寿命测试谱图如图3-35所示。通过测试发现，加入金属离子

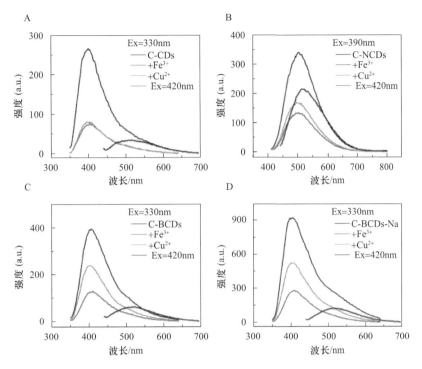

图3-34 不同碳纳米点的荧光发射光谱及滴加不同金属离子后的荧光发射光谱

A. C-CDs; B. C-NCDs; C. C-BCDs; D. C-BCDs-Na

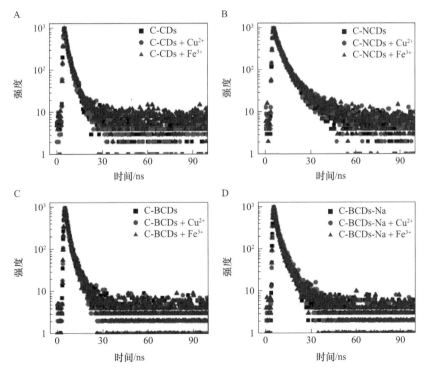

图3-35 不同碳纳米点的荧光寿命及滴加不同金属离子后的荧光寿命光谱

A. C-CDs; B. C-NCDs; C. C-BCDs; D. C-BCDs-Na

［Cu（Ⅱ）、Fe（Ⅲ）］后，荧光寿命的谱图没有发生明显的变化。通过进一步对曲线进行拟合分析，C-CDs荧光寿命拟合出两种发射物质，其他碳纳米点均拟合出三种发射物质。采用公式分别计算了四种碳纳米点的平均荧光寿命（τ_{avg}），总结在表3-7中。在滴加金属离子后，C-CDs和C-NCDs的荧光寿命出现略微的上升，而C-BCDs和C-BCDs-Na的荧光寿命出现略微的下降。

表3-7　四种碳纳米点的荧光寿命拟合数据

序号	碳纳米点	τ_1/ns	A_1	τ_2/ns	A_2	τ_3/ns	A_3	τ_{avg}^*/ns
1	C-CDs	1.46	49.76	4.51	50.24	—	—	3.77
2	C-CDs+Cu	1.56	60.09	5.16	39.91	—	—	4.03
3	C-CDs+Fe	1.44	48.45	4.66	54.55	—	—	3.93
4	C-NCDs	1.26	9.63	4.30	63.68	12.52	26.51	8.65
5	C-NCDs+Cu	1.73	11.80	4.26	62.26	13.40	25.94	9.19
6	C-NCDs+Fe	1.66	13.59	4.38	53.29	12.44	33.12	9.26
7	C-BCDs	1.40	56.11	4.12	39.71	13.95	4.18	5.32
8	C-BCDs+Cu	1.30	50.30	4.16	48.47	19.31	1.23	4.75
9	C-BCDs+Fe	1.06	30.01	2.50	49.07	6.96	20.92	4.51
10	C-BCDs-Na	1.55	50.42	5.75	47.92	20.44	1.66	6.19
11	C-BCDs-Na+Cu	1.49	40.81	5.77	59.19	—	—	5.12
12	C-BCDs-Na+Fe	1.22	36.00	3.59	32.66	7.10	31.34	5.35

* 平均寿命的计算公式为：$\tau_{avg}=\sum A_i\tau_i^2/\sum A_i\tau_i$

八、循环伏安曲线及反应自由能分析

通过循环伏安（CV）曲线测试可以得到碳纳米点的氧化还原电位。从图3-36可以读出C-CDs、C-NCDs、C-BCDs和C-BCDs-Na的氧化电位分别为−0.18V、0.42V、0.27V和0.27V，还原电位分别为−0.50V、−0.21V、−0.07V和−0.07V。可通过公式（3-1）计算碳纳米点与金属催化剂之间发生电子转移反应的吉布斯自由能（ΔG）：

$$\Delta G=F(E_{ox}-E_{red})-E_{00} \tag{3-1}$$

式中，F为法拉第常数；E_{ox}为碳纳米点的氧化电位，通过CV曲线读取；E_{red}为电子受体的还原电位，本书中常用的电子受体的还原电位分别是EBPA=−0.46V，［Cu/TPMA］$^{2+}$=−0.24V，FeBr$_4^-$=−0.6V；E_{00}为碳纳米点的激发态能量，结合碳纳米点的荧光发射光谱，采用公式（3-2）进行计算：

$$E_{00}=\frac{hc}{\lambda} \tag{3-2}$$

式中，h为普朗克常数（6.626×10^{-34}J·s）；c为光速（3.0×10^8m/s）；λ为碳纳米点的荧光发射波长。结合公式（3-1）和公式（3-2），当EBPA为电子受体时，吉布斯自由能分别为−2.10V、−1.50V、−1.65V和−1.65V。当［Cu/TPMA］$^{2+}$为电子受体时，吉布斯自由能分别为−2.32V、−1.72V、−1.87V和−1.87V。当FeBr$_4^-$为电子受体时，吉布

斯自由能为 $-1.96V$、$-1.36V$、$-1.51V$ 和 $-1.51V$。吉布斯自由能均为负值，表明激发态的碳纳米点能自发地与体系中的电子受体发生电子转移。

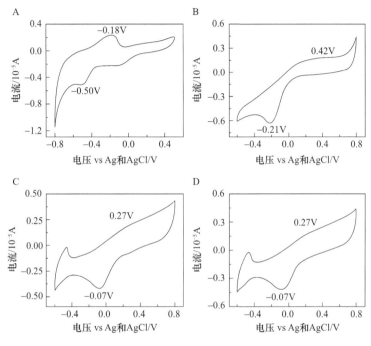

图 3-36　不同碳纳米点的 CV 曲线

A. C-CDs；B. C-NCDs；C. C-BCDs；D. C-BCDs-Na

九、光电流分析

通过光电流测试，对比四种碳纳米点的光电子寿命。有研究者报道，较长的光电子寿命可以增大其与反应底物接触的概率，增加产物的收率。光电流测试结果如图 3-37A 所示。C-NCDs 和 C-BCDs-Na 的光电流在照射灯关了之后，马上衰减至初始值，而 C-CDs、C-BCDs 则呈现缓慢衰减的曲线，表明 C-CDs 和 C-BCDs 拥有较长的光电子寿命（图 3-37B）。

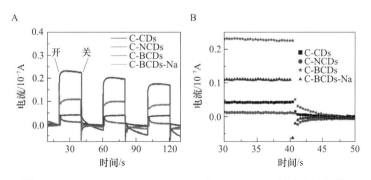

图 3-37　C-CDs、C-NCDs、C-BCDs 和 C-BCDs-Na 的光电流曲线

十、Cu（Ⅱ）催化 ATRP 结果分析

本小节中C-CDs、C-NCDs、C-BCDs和C-BCDs-Na用于Cu（Ⅱ）催化ATRP体系，其中MMA为单体，EBPA为引发剂。

在含金属催化剂的ATRP体系中，碳纳米点吸收光源的能量后，到达激发态，接着与金属催化剂之间发生光电子转移，将高价金属还原成低价。低价金属催化引发剂（RBr）中的碳卤键断裂，产生用于聚合的自由基（R·），通过不断与单体发生链加成反应，产生聚合物。此外，自由基也能发生链终止反应，生成休眠种或者死链。

聚合结果如表3-8所示，四种碳纳米点均能很好地与Cu（Ⅱ）配合，催化聚合反应的发生。

表3-8　光诱导Cu（Ⅱ）催化MMA在不同条件下的ATRP

序号	碳纳米点	［MMA］:［I］:［Met］:［TPMA］	M	$MeBr_n$	t/h	$x/\%$	M_n/kDa	$Đ$
1	C-CDs	300:1:0.03:0.135	MMA	$CuBr_2$	24	1.1	22.33	1.17
2	C-NCDs	300:1:0.03:0.135	MMA	$CuBr_2$	24	—	14.01	1.07
3	C-BCDs	300:1:0.03:0.135	MMA	$CuBr_2$	24	2.3	16.17	1.08
4	C-BCDs-Na	300:1:0.03:0.135	MMA	$CuBr_2$	24	1.1	8.98	1.08

MMA. 甲基丙烯酸甲酯；I. 光引发剂；Met. 金属离子；TPMA. 配体，三（2-吡啶甲基）胺；M. 单体；$MeBr_n$. 金属溴化物；t. 时间；x. 产率；M_n. 数均分子量；$Đ$. 分散度

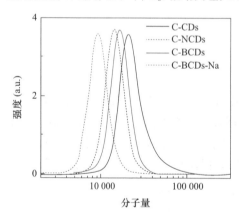

图3-38　使用不同碳纳米点产生的聚合物的分子量分布

除了聚合物分子量稍有差别外，所得的聚合产物的分散度在1.0～1.2，表明聚合产物具有很高的规整性（图3-38）。但是，与报道的文献相比，四种碳纳米点催化聚合的产率较低。这可能由于合成碳纳米点的碳源来源于多酚，因此碳纳米点表面官能团中也含有未完全碳化的酚羟基，酚羟基会抑制自由基聚合反应，造成反应产率较低。与Cu（Ⅱ）相比，Fe（Ⅲ）与酚羟基的络合能力更强，后续将研究碳纳米点在Fe（Ⅲ）催化及无金属催化ATRP中的应用。

十一、Fe（Ⅲ）催化 ATRP 结果分析

与Cu相比，Fe的储量丰富，且在使用过程中不需要昂贵的配体。但是，Fe的催化活性较弱。研究者采用四丁基溴化铵作为配体，溴化铁为催化剂，探索了四种碳纳米点的催化效果（表3-9）。相比于Cu（Ⅱ）催化，Fe（Ⅲ）催化聚合的产物的分散度较高，这与Fe（Ⅲ）催化活性较低有关。通过增加引发剂的量，来调节聚合物的分子量大小。结

果表明，当提高引发剂的用量时（［MMA］：［I］＝100：2），只有C-BCDs-Na的聚合度出现分子量和分散度均下降的结果（表3-9中的序号4和序号8相比较）。其他的碳纳米点虽然分子量下降了，但是分散度依旧较高。这可能是在这些碳纳米点敏化聚合的过程中，链终止反应的比例较大（图3-39），导致了该结果。当提高引发剂的用量至［MMA］：［I］＝100：4时，分子量进一步减小，而产物的分散度除了C-NCDs外，其余的均失去控制，达到2～3。继续升高引发剂的用量（［MMA］：［I］＝100：10），所有的碳纳米点均不能收集到产物。

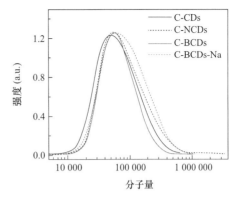

图3-39　使用不同碳纳米点产生的聚合物的分子量分布（表3-9中的序号1～4）

表3-9　光诱导Fe（Ⅲ）催化MMA在不同条件下的ATRP

序号	碳纳米点	［MMA］:［I］:［Met］:［TBABr］	M	MeBr$_n$	t/h	x/%	M_n/kDa	Đ
1	C-CDs	100:1:0.04:0.04	MMA	FeBr$_3$	24	13.83	50.00	1.66
2	C-NCDs	100:1:0.04:0.04	MMA	FeBr$_3$	24	8.25	60.45	1.72
3	C-BCDs	100:1:0.04:0.04	MMA	FeBr$_3$	24	10.49	54.92	1.43
4	C-BCDs-Na	100:1:0.04:0.04	MMA	FeBr$_3$	24	19.90	62.04	1.75
5	C-CDs	100:2:0.04:0.04	MMA	FeBr$_3$	24	21.45	45.31	2.01
6	C-NCDs	100:2:0.04:0.04	MMA	FeBr$_3$	24	8.17	47.64	1.72
7	C-BCDs	100:2:0.04:0.04	MMA	FeBr$_3$	24	7.87	52.17	2.06
8	C-BCDs-Na	100:2:0.04:0.04	MMA	FeBr$_3$	24	10.64	45.51	1.47
9	C-CDs	100:4:0.04:0.04	MMA	FeBr$_3$	24	8.47	27.95	3.08
10	C-NCDs	100:4:0.04:0.04	MMA	FeBr$_3$	24	—	38.10	1.65
11	C-BCDs	100:4:0.04:0.04	MMA	FeBr$_3$	24	2.52	37.22	2.49
12	C-BCDs-Na	100:4:0.04:0.04	MMA	FeBr$_3$	24	5.61	32.05	2.52
13	C-CDs	100:10:0.04:0.04	MMA	FeBr$_3$	24	—	—	—
14	C-NCDs	100:10:0.04:0.04	MMA	FeBr$_3$	24	—	—	—
15	C-BCDs	100:10:0.04:0.04	MMA	FeBr$_3$	24	—	—	—
16	C-BCDs-Na	100:10:0.04:0.04	MMA	FeBr$_3$	24	—	—	—

MMA. 甲基丙烯酸甲酯；I. 光引发剂；Met. 金属离子；TBABr. 配体；M. 单体；MeBr$_n$. 金属溴化物；t. 时间；x. 产率；M_n. 数均分子量；Đ. 分散度

十二、嵌段共聚物结果分析

若在Fe（Ⅲ）催化聚合体系中，MMA经ATRP聚合路线聚合，则聚合产物为卤素封端的休眠种。因此，为了验证该聚合过程是ATRP聚合，选取所获得的聚合产物作为引发剂（表3-9中的序号6），BMA作为第二种单体，进行嵌段共聚反应，其结果如图3-40所示。聚合产物的分子量出现了明显的增长（从47.64kDa到72.43kDa），表明

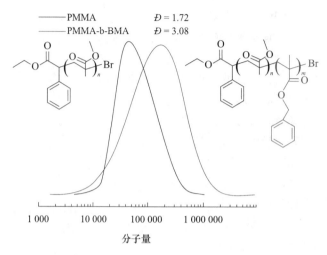

图 3-40　PMMA 及其嵌段共聚物的分子量分布图（PMMA 对应表 3-9 中的序号 6）

第二种单体成功聚合到前驱体的链段中，相应的聚合产物分散度也从 1.72 变成了 3.08。以上结果表明，利用多酚碳纳米点（C-BCDs-Na）与 Fe（Ⅲ）催化聚合产物是卤素封端的休眠种，能够与第二种单体发生嵌段共聚反应。

十三、无金属 ATRP 结果分析

采用碳纳米点进行无金属催化聚合，一般有两种途径，分别是氧化猝灭途径和还原猝灭途径（图 3-41）。在氧化猝灭途径中，碳纳米点给出电子，还原引发剂产生自由基，用于聚合。在还原猝灭途径中，碳纳米点与胺类物质配合，产生 CDs⁻，用于还原引发剂产生自由基，进而引发聚合。

研究者分别探究了四种碳纳米点经氧化猝灭途径在无金属催化聚合中的应用。也尝试用 PMDETA 与碳纳米点配合，经还原猝灭途径催化聚合。其结果总结在图 3-42 和

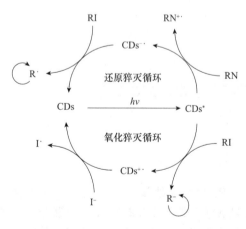

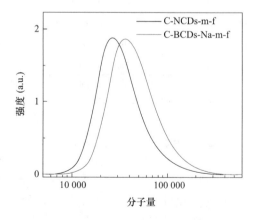

图 3-41　碳纳米点经氧化猝灭和还原猝灭途径催化产生自由基活性种的示意图

图 3-42　用 C-NCDs 和 C-BCDs-Na 敏化聚合的聚合物的分子量分布（对应表 3-10 中的序号 2 和序号 4）

表3-10中。C-CDs与C-BCDs在无金属催化中没有产物，说明这两种碳纳米点不能经氧化猝灭的途径催化MMA发生聚合反应（表3-10中的序号1和序号3）。而C-NCDs与C-BCDs-Na在无金属催化中表现出较好的效果，聚合产物的分散度为1.36（<1.5），表明这两种碳纳米点可以在无金属体系中有效催化MMA发生ATRP（表3-10中的序号2和序号4）。

此外，后续实验中尝试利用所合成的碳纳米点经还原猝灭的途径催化MMA发生聚合。结果表明，四种碳纳米点均能有效催化MMA发生聚合反应（表3-10中的序号5~8），但是所得产物的分散度较高。通过调整引发剂的用量，同时缩短聚合反应的时间，除了C-CDs催化产物的分子量变大外，其余产物的分子量均不同程度减小，且分散度也同步减小。关于碳纳米点经还原猝灭途径催化聚合的反应条件需要进一步优化。

表3-10 光诱导无金属催化MMA在不同条件下的ATRP

序号	碳纳米点	[MMA]∶[I]∶[PMDETA]	M	t/h	x/%	M_n/kDa	$Đ$
1	C-CDs	100∶1∶0	MMA	24	—	—	—
2	C-NCDs	100∶1∶0	MMA	24	13.77	28.10	1.36
3	C-BCDs	100∶1∶0	MMA	24	—	—	—
4	C-BCDs-Na	100∶1∶0	MMA	24	14.34	38.09	1.36
5	C-CDs	300∶1∶1	MMA	24	41.15	162.60	2.45
6	C-NCDs	300∶1∶1	MMA	24	42.86	110.00	2.58
7	C-BCDs	300∶1∶1	MMA	24	42.66	118.30	2.82
8	C-BCDs-Na	300∶1∶1	MMA	24	46.95	97.21	2.56
9	C-CDs	300∶3∶1	MMA	8	16.74	182.10	2.12
10	C-NCDs	300∶3∶1	MMA	8	24.93	86.95	2.06
11	C-BCDs	300∶3∶1	MMA	8	19.07	106.50	2.27
12	C-BCDs-Na	300∶3∶1	MMA	8	30.84	73.50	1.97

MMA. 甲基丙烯酸甲酯；I. 光引发剂；Met. 金属离子；PMDETA. 配体；M. 单体；MeBr$_n$. 金属溴化物；t. 时间；x. 产率；M_n. 数均分子量；$Đ$. 分散度

本 章 小 结

在本章中，主要利用木材中的酚类提取物，通过分子自组装方法构建了功能性荧光碳点，并探明了其在检测与光催化领域应用前景，如下所示。

利用绿原酸本身的共轭π键结构，采用经济、环保且温和的分子自组装法进行同质聚集，即酚酸化合物绿原酸在甲醇溶剂中发生自组装超分子聚集，形成纳米级荧光碳点。采用多种表征手段表征了CA-CDs的结构和形貌，以及优异的光学性质和抗氧化能力。将该性能优异的碳点掺杂在PVA膜中，制备了CA-CDs-FF复合膜，这种复合膜透明度高，具有良好的物理机械性能、光学性能和抗氧化性能。基于CA-CDs-FF的抗氧化性，CA-CDs/PVA溶液可以作为涂层材料包裹香蕉，从而延长香蕉的保质期。CA-CDs/PVA溶液对pH和Al^{3+}具有较高的敏感性，由此CA-CDs-FF可以原位检测食品中碱性物质，预警食物腐败和检测残留在食品中的Al^{3+}。这种环保且智能的包装材料在食品领域有着巨大的发展潜力。

利用落叶松树皮提取单宁（LBE）为原料，分别制备了C-CDs、C-NCDs、C-BCDs、C-BCDs-Na，其尺寸分布为10～15nm。FT-IR及XPS等分析表明，所制备的碳纳米点中仍含有大量的酚羟基。XPS分峰结果表明，N元素主要以N—C的形式存在碳纳米点中。B元素则形成B—C及B—O键。UV-vis、荧光、磷光结果表明，所制备的碳纳米点能与金属离子［Cu（Ⅲ）、Fe（Ⅲ）］之间发生光电子转移。循环伏安分析证明了光电子转移在热力学上的可行性。所制备的四种碳纳米点均能敏化Cu（Ⅱ）催化ATRP，且所得产物的分散度较好。在Fe（Ⅲ）催化光诱导ATRP中，C-BCD-Na表现出最好的效果（Đ＜1.5）。在氧化猝灭途径无金属催化体系中，C-CDs与C-BCDs不能催化，而C-NCDs与C-BCDs-Na在氧化无金属催化中表现出较好的效果（Đ＜1.5）。在还原猝灭途径无金属催化体系中，四种碳纳米点均能有效催化聚合反应，但是，所得产物的分散度都较高。

第四章
木材仿生光学中的自组装荧光纳米点材料

本章彩图

第一节　自组装荧光纳米点的研究背景与制备方法

一、自组装荧光纳米点的研究背景

木材组分中的木质素与多酚类物质都可以通过自组装形成发光纳米点，这主要是因为这些分子内部存在较强的π-π作用力、氢键作用力及分子间作用力，因此可以在适当极性的溶剂、温度与pH下，发生组装形成纳米颗粒。

得益于这些纳米颗粒内部源于前驱体分子（木质素、植物多酚等）的苯环官能团，这些纳米颗粒都表现出较好的荧光发射特性。一般来说，纳米粒子会表现出比前驱体更稳定的荧光发射特性，这主要是因为，在纳米组装颗粒中，外部的分子可以很好地保护颗粒核心内部的发色团，避免其被光氧化或者光分解。

二、自组装荧光纳米点的制备方法

以木材芳香族组分为原料通过自组装的方法制备发光纳米点主要有两种途径：化学反应诱导自组装法和溶剂交换法。

天然多酚材料和聚合物通过交联反应可以自组装获得稳定性良好和荧光量子产率较高的荧光纳米点。例如，利用植物多酚原料（单宁酸、儿茶素、表儿茶素和绿原酸）与聚乙烯亚胺通过Michael反应交联来获得荧光纳米点（Lu et al.，2022；Yang et al.，2021）。获得的荧光纳米点表现出高的荧光强度和荧光量子产率。其中，荧光强度的提高主要是由交联反应引起的，而高的荧光量子产率是由于聚乙烯亚胺的加入可以将天然多酚的芳香环分隔开，避免了由于植物多酚具有的芳香环π-π堆积导致的荧光猝灭，从而提高了荧光量子产率（Zhu et al.，2014）。另外，还可以利用植物多酚的自聚合直接获得纳米颗粒。例如，单宁酸可以通过碱/过氧化氢引发的自聚合直接转化为荧光纳米点（Zhao et al.，2021）。获得的单宁酸纳米点由于良好的尺寸稳定性和均一的表面态，没有表现出明显的激发依赖性。而这些单宁酸衍生的纳米点的荧光发射强度随着激发波长的选择而发生变化。

此外，具有聚集诱导发光（AIE）特征的天然芳香资源，如生物碱（Xu et al.，2021；Papanai et al.，2021）、黄连素（Gu et al.，2020）、血根碱（Lei et al.，2018）、天然多酚（槲皮素，He et al.，2018b）、杨梅素（Long et al.，2019）、桑色素（Yu et al.，2020）、山柰酚（Sun et al.，2021）、芒果苷（Long et al.，2021），以及其他天然化合物如丹参酮ⅡA（Lee et al.，2022）和核黄素（Xu et al.，2020）等，可以不通过化学反应而是经简单的物理溶剂交

换法就可以转化为具有AIE特征的荧光纳米点。并且这些AIE纳米点大多表现出良好的光稳定性。例如，通过四氢呋喃和水溶剂交换将山柰酚转化为具有AIE特征的荧光纳米点（Sun et al., 2021）。制备的纳米点在紫外灯照射60min后荧光强度无明显变化，表现出良好的光稳定性。然而，通过溶剂交换法制备的AIE纳米点存在粒子尺寸不均匀的问题，在复杂的环境下，由于粒子间非共价键的互相作用导致其光学性能不稳定。然而，这个问题可以通过在纳米点间引入共价键相互作用或超分子相互作用来克服（Lu et al., 2022；Fang et al., 2017）。

在可以获得荧光纳米点的天然原料中，木质素由于同时具有AIE和自组装的特性而被广泛关注（Xue et al., 2016）。例如，Ma等通过溶剂交换法将木质素转化为荧光纳米点，获得的纳米点发光是由于形成的纳米点保留了木质素的芳香环，而芳香环可以形成J型聚集体作为发光团发光（Ma et al., 2018）。另外，由于木质素含有不同的芳香单元，因此可以形成不同类型的J型聚集体，所以会导致木质素衍生的纳米点表现出明显的激发依赖性。木质素作为造纸工业的副产品，每年产生约8000万t，考虑到木质素原料的丰富性，将木质素转化为荧光材料而不是仅用于燃烧。这不仅促进了荧光纳米点的可持续性，而且还促进了木质素更高附加值的应用。

第二节　木质素荧光纳米掺杂薄膜的制备及其提升光合作用的研究

一、木质素荧光纳米掺杂薄膜的制备

将在太阳光谱中的紫外区域具有强烈吸收的木质素磺酸钠（LS）纳米颗粒加入羧甲基纤维素钠（CMC）基质中，可生产一种简单高效的LS/CMC光转换薄膜，相关的策略示意图如图4-1所示。

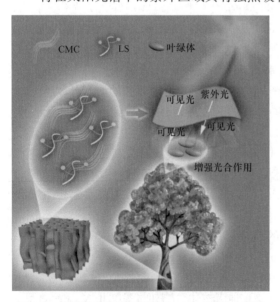

图4-1　使用具有光转换特性的LS/CMC复合薄膜增强自然光合作用的策略示意图

制备方法：使用量程为d=0.01mg/0.1mg的电子分析天平称取1.5g羧甲基纤维素钠（CMC）加入梨形瓶中，倒入100mL去离子水，使用加热磁力搅拌器水浴80℃加热并400r/min搅拌4h，直至CMC全部溶解。量取50mL CMC溶液于烧杯中，加入一定量的木质素磺酸钠（LS），使用磁力搅拌器室温300r/min搅拌1h，直至LS在CMC溶液中充分溶解且均匀分布，得到LS/CMC混合水溶液。木质素磺酸钠是亚硫酸制浆废液经磺化、改性等工艺精制加工后过滤而制成的，纯度为50%~55%，密度为1.3567。将混合溶液用

超声波清洗机超声5min除去溶液中的气泡，随后将混合溶液倒入20cm×20cm玻璃模具中，放入电热鼓风干燥箱中60℃加热3h，随后取出放置在室温下干燥1～2d，得到LS/CMC复合薄膜。

二、LS/CMC复合薄膜形貌及结构分析

对制备得到的LS/CMC复合薄膜进行扫描电子显微镜（SEM）分析，如图4-2所示。A图和B图分别为纯CMC薄膜和0.1% LS/CMC复合薄膜的表面形貌图，表面看起来都十分平整且光滑，表明LS在CMC基质中均匀分布。这主要是由于在实验中将LS加入CMC溶液后，由于氢键作用LS能够快速溶解在CMC溶液中，形成均匀的混合溶液、没有发生宏观相分离。C图和D图分别为纯CMC薄膜和0.1% LS/CMC复合薄膜的断面形貌图，与纯CMC薄膜相比，0.1% LS/CMC复合薄膜断面更密实，表明LS与CMC很好地混合在一起，没有发生结构的变化。

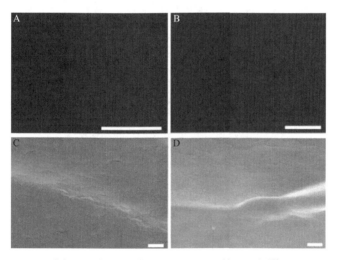

图4-2　纯CMC和0.1% LS/CMC的SEM图像
A图和B图分别为纯CMC和0.1% LS/CMC复合薄膜的表面SEM图，比例尺为10μm；
C图和D图分别为纯CMC和0.1% LS/CMC复合薄膜的断面SEM图，比例尺为500nm

0.1% LS/CMC复合薄膜表面的SEM元素分布如图4-3所示，由B图～F图可知，0.1% LS/CMC复合薄膜表面含有C、O、Na和S元素，且各元素分布均匀，表明LS在CMC基质中均匀分布。

采用X射线光电子能谱（XPS）对纯CMC薄膜及0.1% LS/CMC复合薄膜表面元素组成进行分析。纯CMC薄膜的XPS总谱图如图4-4所示，由图可知，纯CMC薄膜主要含有C、O、Na元素。高分辨C1s（图4-5）、O1s（图4-6）XPS谱图展示了纯CMC薄膜的化学键详细信息。C1s谱图中284.8eV、286.3eV和288.0eV波段分别对应C—C、C—O和C＝O基团；O1s谱图中531.4eV、532.3eV和533.0eV波段分别对应O—Na、O＝C和C—OH/C—O—C基团。

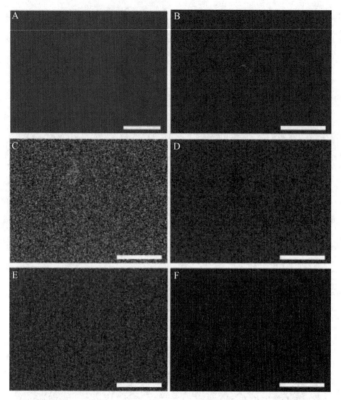

图4-3 0.1% LS/CMC的SEM图像和元素分布图像

A. 0.1% LS/CMC复合薄膜的SEM图，比例尺为10μm；B. 0.1% LS/CMC复合薄膜的元素分布总图，比例尺为25μm；

C. 0.1% LS/CMC复合薄膜的C元素分布图，比例尺为25μm；D. 0.1% LS/CMC复合薄膜的O元素分布图，

比例尺为25μm；E. 0.1% LS/CMC复合薄膜的Na元素分布图，比例尺为25μm；

F. 0.1% LS/CMC复合薄膜的S元素分布图，比例尺为25μm

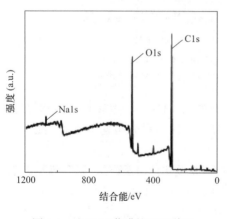

图4-4 纯CMC薄膜的XPS谱图

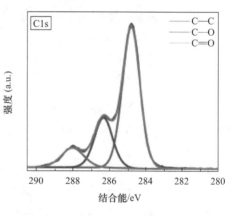

图4-5 纯CMC薄膜的C1s谱图

　　0.1% LS/CMC复合薄膜的XPS谱图如图4-7所示：A图为0.1% LS/CMC复合薄膜的XPS总谱图，由图可知0.1% LS/CMC复合薄膜含有C、O、Na和S元素。B～D图分别为0.1% LS/CMC复合薄膜的高分辨C1s、O1s和S2p谱图，提供了有关化

学键的详细信息。在C1s光谱中284.8eV、286.5eV和288.3eV波段分别对应C—C/C＝C、C—O/C—S和C＝O基团；在O1s光谱中531.6eV、532.3eV和533.0eV波段分别对应O—Na、O＝C和C—OH/C—O—C基团；在S2p光谱中164.1eV和165.9eV波段对应C—S基团，167.9eV和169.1eV波段对应—SO₃基团。综上，结合复合薄膜SEM元素分布图结果及纯CMC薄膜XPS谱图，表明在0.1% LS/CMC复合薄膜中，LS成功与CMC复合在一起，并且LS在CMC基质表面分布均匀。

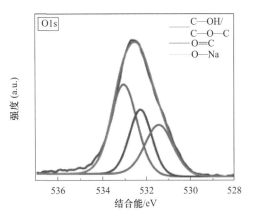

图4-6　纯CMC薄膜的O1s谱图

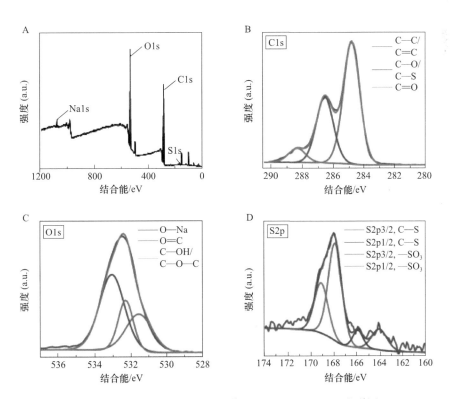

图4-7　0.1% LS/CMC的XPS谱图和C1s、O1s、S2p的谱图

A. 0.1% LS/CMC复合薄膜的XPS谱图；B. 0.1% LS/CMC复合薄膜的C1s谱图；
C. 0.1% LS/CMC复合薄膜的O1s谱图；D. 0.1% LS/CMC复合薄膜的S2p谱图

三、LS/CMC复合薄膜物理性能分析

LS/CMC复合薄膜的典型应力-应变曲线如图4-8所示。由图可知，随着复合薄膜中LS的浓度从0%增加到2%，复合薄膜的机械强度逐渐增强。然而进一步增加LS的浓度到3%和5%时会导致复合薄膜机械强度降低，这主要是由于当复合薄膜中LS添加量较

少时，少量的LS起到增强材料机械强度的效果，当复合薄膜中LS添加量增多时，则会导致LS在CMC基质中聚集从而分布不均匀，最终使复合薄膜机械强度降低。

热重分析法（thermogravimetry analysis，TG）为使样品处于一定的温度程序（升/降/恒温）控制下，观察样品的质量随温度或时间的变化过程。利用热重分析法，可以测定材料在不同气氛下的热稳定性与氧化稳定性等。因此，通过热重分析研究了LS/CMC复合薄膜的热稳定性能，如图4-9所示。随着LS浓度从0%增加到0.5%，LS/CMC复合薄膜的初始分解温度显著升高。当LS浓度超过0.5%时，LS/CMC复合薄膜的初始分解温度逐渐降低。与0% LS/CMC薄膜相比，0.5% LS/CMC复合薄膜的初始分解温度提高了28.75℃。

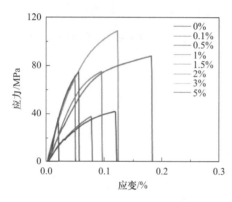

图4-8　LS/CMC复合薄膜的应力-应变曲线

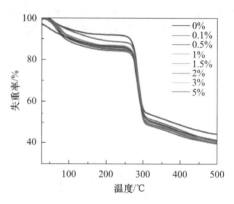

图4-9　LS/CMC复合薄膜的TG曲线

四、LS/CMC复合薄膜光学性质分析

LS/CMC复合薄膜的吸光度曲线如图4-10所示。由于木质素大分子结构中含有大量的苯环、双键及羰基结构，从而使其本身具有捕获紫外光子的能力，因此LS/CMC复合薄膜在190~400nm的紫外区域显示出强烈的吸光度，并且随着LS添加量的增加，复合薄膜的吸光度逐渐增强。

LS/CMC复合薄膜在紫外光的激发下显示出蓝色荧光发射，如图4-11所示。有趣的是，随着复合薄膜中LS浓度的逐渐增加，荧光发射谱图中约420nm处的荧光强度先增加后降低，而500~600nm处的荧光强度逐渐增加，这种现象主要归因于不同光颜色的叠加。如图4-12所示，在复合薄膜中添加少量LS时，LS/CMC复合薄膜是透明的，当被紫外光激发时会发出蓝色荧光。由于LS粉末为黄棕色，随着复合薄膜中LS添加量的增加，复合薄膜的颜色逐渐从透明变为浅黄色。当受到紫外光激发时，复合薄膜发出的蓝色荧光受到薄膜自身颜色的影响，产生光的叠加效应，从而导致荧光发射红移。此外，用作对照实验的0% LS/CMC薄膜也由于羰基部分的聚集而显示出微弱的荧光发射。这一结果表明CMC是复合薄膜基质的良好选择，因为它可以通过将紫外光转化为可见光来促进光合作用。

此外，LS/CMC复合薄膜也显示出激发依赖性荧光，如图4-13所示。随着激发波长从330nm增加到400nm，中心发射波长从395nm增加到425nm。这种激发依赖性发射特

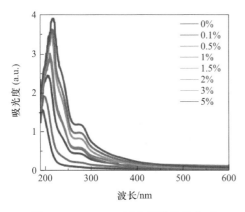

图4-10 LS/CMC复合薄膜的吸光度　图4-11 LS/CMC复合薄膜的荧光发射谱图

Ex＝355nm

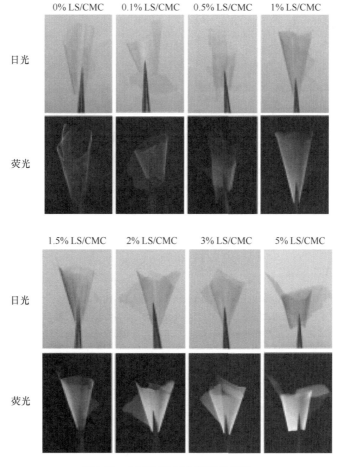

图4-12 LS/CMC复合薄膜的照片

性归因于木质素大分子表面上发射位点的分布和尺寸效应。激发依赖性发射特性表明，LS/CMC复合薄膜可以有效地将太阳光谱中的紫外光（330～400nm）转化为可见光，从而促进光合作用。

　　0.1% LS/CMC复合薄膜的荧光寿命衰减曲线如图4-14所示，激发波长（Ex）为355nm，发射波长（Em）为420nm。经过拟合计算0.1% LS/CMC复合薄膜的荧光寿命为4.5ns。此外，还检测了含有不同LS浓度的LS/CMC复合薄膜的荧光寿命衰减曲线，如图4-15所示。总体而言，LS/CMC复合薄膜的荧光寿命随着LS添加量的增加呈下降趋势。结合图4-14可知，0.1% LS/CMC复合薄膜的荧光寿命约为4.5ns，而5% LS/CMC复合薄膜的荧光寿命则降低到约3.04ns。LS/CMC复合薄膜的荧光寿命衰减曲线结果表明，复合薄膜的荧光寿命并没有随着LS添加量的增加而增加。因此，LS/CMC复合薄膜中适当的LS添加量对于接下来的光合作用实验至关重要。

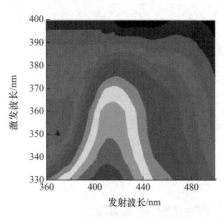

图4-13　0.1% LS/CMC复合薄膜在不同激发波长（330～400nm）下的荧光发射

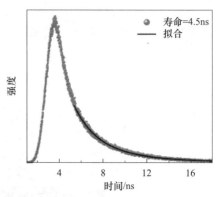

图4-14　0.1% LS/CMC复合薄膜荧光寿命（Ex＝355nm，Em＝420nm）

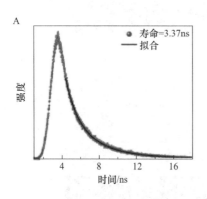

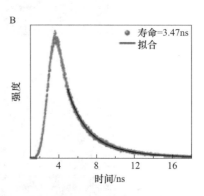

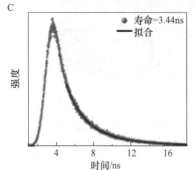

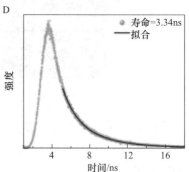

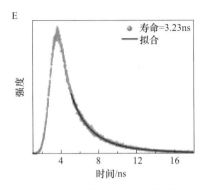
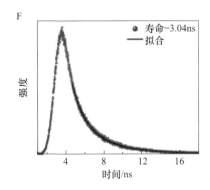

图4-15　不同浓度LS掺杂的LS/CMC复合薄膜荧光寿命

A. 0.5% LS/CMC；B. 1% LS/CMC；C. 1.5% LS/CMC；D. 2% LS/CMC；E. 3% LS/CMC；
F. 5% LS/CMC。Ex＝355nm，Em＝420nm

　　0.1% LS/CMC复合薄膜在可见光区域具有良好的透光率，如图4-16所示，其透光率高达87%，这对于增强叶绿体光合作用具有重要意义。此外，还研究了LS/CMC复合薄膜的光学稳定性，如图4-17所示。在光学稳定性测试中，0.1% LS/CMC复合薄膜的吸光度在1个标准太阳照射（100mW/cm^2）1.5h后并没有发生明显变化，表明LS/CMC复合薄膜具有良好的光稳定性，这一性质对于实际应用具有重要意义。

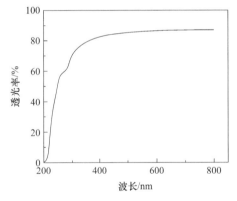

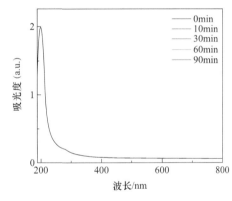

图4-16　0.1% LS/CMC复合薄膜的透光率　　　图4-17　0.1% LS/CMC复合薄膜的光学稳定性谱图

1个标准太阳照射，100 mW/cm^2，1.5h

五、LS/CMC复合薄膜增强叶绿体光合作用分析

　　在确定了LS/CMC复合薄膜的光学性质之后，接下来研究复合薄膜对叶绿体光合作用的影响。0.1% LS/CMC复合薄膜的荧光发射谱图及叶绿体的吸光度谱图如图4-18所示。由图可知，0.1% LS/CMC复合薄膜在紫外光激发下发出的蓝色荧光与叶绿体在375~600nm范围内的吸光度很好地重叠在一起，这意味着复合薄膜理论上具有增强叶绿体光合作用的效果。此外，先前的研究也表明，蓝光有助于自然植物的光合作用和生长。蓝光对于吸收二氧化碳至关重要，被认为是许多植物物种进行光合作用的最佳光源之一。

　　采用希尔反应（Hill反应）研究LS/CMC复合薄膜对光合作用的影响，其中DCPIP

作为人工电子受体，如图4-19所示。当用氙灯照射时，叶绿体会氧化水分子以释放电子。由于DCPIP在叶绿体的光反应过程中对从PSⅡ传输到PSⅠ的电子具有极高的亲和力，因此它可以捕获释放的电子。PSⅡ的活性可以通过测量DCPIP的还原速率来评估，由于DCPIP的还原反应会导致溶液颜色从蓝色变为无色，所以DCPIP的还原速率又可以通过测量600nm处UV-vis吸收光谱的变化来确定。该实验通过用LS/CMC复合薄膜覆盖含有叶绿体和DCPIP的混合溶液的石英比色皿来进行，然后在模拟太阳光的照射下引发希尔反应。DCPIP在600nm处吸光度的时间依赖性降低表明DCPIP被光还原。与此同时，作为对照实验，0% LS/CMC薄膜也覆盖在装有叶绿体和DCPIP混合溶液的石英比色皿上，然后在模拟太阳光的照射下引发希尔反应。由图4-19可知，当复合薄膜中LS的添加量为0.1%时，叶绿体表现出最好的光合作用。随着LS添加量的增加，叶绿体的光合效果变差。这可能是因为较高含量的LS导致复合薄膜的荧光发射红移，从而发射位于叶绿体的吸收范围之外，最终导致光合效果变差。

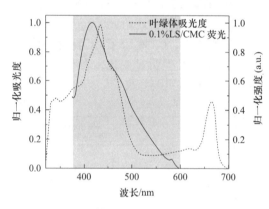 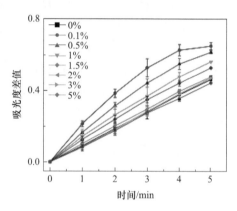

图4-18 叶绿体吸光度谱图和0.1% LS/CMC复合薄膜的荧光发射谱图（Ex＝355nm）
灰色背景表示叶绿体的紫外吸收与0.1% LS/CMC荧光发射的重合范围

图4-19 LS/CMC复合薄膜覆盖的叶绿体光合作用还原DCPIP谱图（模拟太阳光强度：16 mW/cm²）

此外，还研究了不同浓度LS/CMC复合薄膜对叶绿体光合作用的影响，如图4-20所示。由图可知，无论光强大小如何，0.1% LS/CMC复合薄膜都能最大程度地促进叶绿体的光合作用。

吸光度差值与反应时间的比率可以清楚地用于量化覆盖含有不同LS添加量复合薄膜的叶绿体的光合活性，如图4-21所示。由图可知，在0.1% LS/CMC复合薄膜覆盖下，叶绿体的光合作用速率为0.13/min，是0% LS/CMC薄膜覆盖下的叶绿体光合作用速率（0.09/min）的约1.4倍。

在光合反应中，产生的电子被传递给位于PSⅠ的铁氧还蛋白，然后再传递回PSⅡ的电子传递链，为ATP的产生提供循环路径。人工电子受体可用于拦截流经电子传递链的电子，以估计叶绿体光合作用过程中的还原速率和电子传递速率。LS/CMC复合薄膜覆盖的叶绿体还原铁氰化物如图4-22所示。由图可知，与0% LS/CMC薄膜相比，0.1% LS/CMC复合薄膜显著提高了21%的电子传输速率，并且随着薄膜中LS添加量的增加，铁氰化物的还原速率逐渐降低，这与DCPIP实验得到的结果一致。

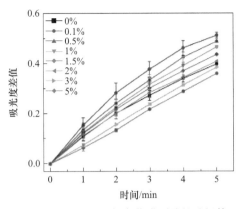

图4-20 LS/CMC 复合薄膜覆盖的叶绿体
光合作用还原DCPIP谱图
（模拟太阳光强度：20 mW/cm²）

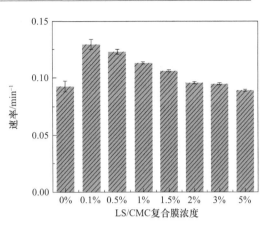

图4-21 LS/CMC 复合薄膜覆盖的叶绿体
光合作用还原DCPIP的速率

由于0.1% LS/CMC复合薄膜覆盖的叶绿体电子传输速率显著提高，更多的电子沿着电子传输链转移到 PSⅡ，从而为ATP的合成提供更多的能量。为了证实0.1% LS/CMC复合薄膜可以增强叶绿体的光合速率，采用荧光素/荧光素酶测定来测量复合薄膜的ATP产生量，如图4-23所示。由图可知，在0.1% LS/CMC复合薄膜覆盖下，叶绿体产生的ATP量是0% LS/CMC薄膜覆盖的叶绿体产生量的1.4倍。这意味着覆盖有0.1% LS/CMC复合薄膜的叶绿体可以捕获更多的光，从而增强叶绿体的光合活性。综上所述，在太阳光照射下，0.1% LS/CMC复合薄膜吸收紫外区域的光并将其转化为可被叶绿体吸收的蓝光，从而拓宽了叶绿体对太阳光谱的利用范围。以上这些结果表明，0.1% LS/CMC复合薄膜可以有效地捕获紫外区域的太阳光子能量，从而增强叶绿体的光合活性。

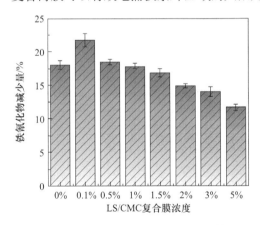

图4-22 LS/CMC 复合薄膜覆盖的叶绿体还原
铁氰化物（模拟太阳光强度：16mW/cm²）

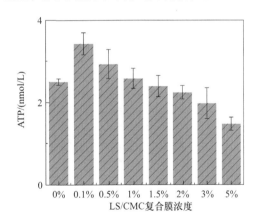

图4-23 LS/CMC 复合薄膜覆盖的叶绿体产生
的ATP（模拟太阳光强度：16mW/cm²）

六、LS/CMC复合薄膜增强植物光合作用分析

接下来进一步研究LS/CMC复合薄膜对活植物光合作用的影响，使用3周龄的拟南

芥作为模式生物。用LS/CMC复合薄膜覆盖植物，然后暴露在加有紫外光（0.6W/cm²）的自然光下1h，如图4-24所示。

　　然后暗处理30min，测量拟南芥叶绿素荧光参数Fv/Fm，如图4-25所示。Fv/Fm是光系统Ⅱ潜在最大光化学效率的指标。由图可知，覆盖有0.1% LS/CMC复合薄膜的拟南芥Fv/Fm值比没有覆盖膜的拟南芥高约10%。这主要是由于0.1% LS/CMC复合薄膜能够将自然光中不被叶绿体吸收的紫外光转换为可以被叶绿体吸收和利用的蓝色荧光，从而提高叶绿体的光合活性及叶绿体光系统中的电子传输速率，最终增强拟南芥的光合作用。3周龄拟南芥照片和对应的拟南芥叶绿素荧光图像如图4-26所示。

图4-24　LS/CMC复合薄膜增强拟南芥
　　　　光合作用示意图

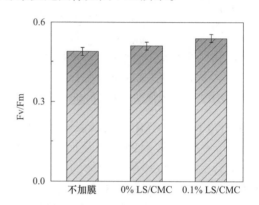

图4-25　不同处理下的叶绿素荧光参数Fv/Fm

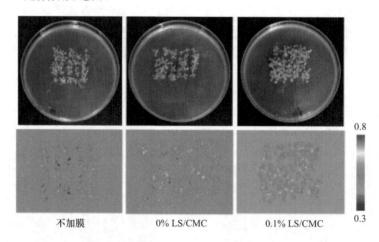

图4-26　3周龄拟南芥照片（上）和拟南芥叶绿素荧光图像（下）

七、CEL/PCL复合薄膜形貌及结构分析

　　CEL/PCL复合薄膜的扫描电子显微镜图如图4-27所示。A图和B图分别为纯PCL薄膜和0.2% CEL/PCL复合薄膜的表面微观形貌图，纯PCL薄膜和0.2% CEL/PCL复合薄膜表面看起来都十分平整且光滑，表明CEL在PCL基质中均匀分布。C图和D图分别为纯PCL薄膜和0.2% CEL/PCL复合薄膜的断面形貌图，两种薄膜的断面形貌没有明显的

区别，表明CEL与PCL很好地混合在一起，没有发生结构的变化。

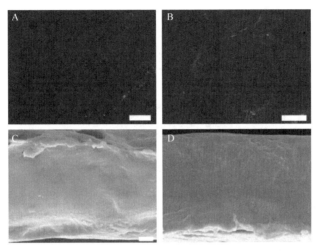

图4-27 纯PLC和0.2% CEL/PCL的SEM图像

A图和B图分别为纯PCL和0.2% CEL/PCL复合薄膜的表面SEM图，比例尺为10μm；
C图和D图分别为纯PCL和0.2% CEL/PCL复合薄膜的断面SEM图，比例尺为1μm

为了进一步分析添加CEL后CEL/PCL复合薄膜的元素含量及结构的变化，对纯PCL薄膜及CEL/PCL复合薄膜的XPS谱图进行分析。纯PCL薄膜的XPS总谱图如图4-28所示。由图4-28A可知，纯PCL薄膜中主要含有C、O元素，其中C∶O为3∶1。高分辨C1s（图4-28B）、O1s（图4-28C）XPS谱图展示了纯PCL薄膜的化学键详细信息。C1s谱图中284.8eV、286.3eV和288.8eV波段分别对应C—C、C—O和C＝O基团；O1s谱图中532.0eV和533.3eV波段分别对应C＝O和C—O基团。

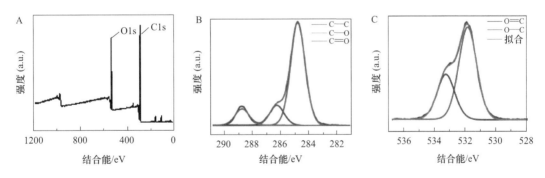

图4-28 纯PCL的XPS总谱图和C1s、O1s的分谱

A. 纯PCL薄膜的XPS总谱图；B. 纯PCL薄膜的高分辨C1s XPS谱图；C. 纯PCL薄膜的高分辨O1s XPS谱图

CEL/PCL复合薄膜的XPS总谱图如图4-29所示。由图4-29A分析可知，CEL/PCL复合薄膜中主要含有C、O元素，其中C∶O为3.3∶1。高分辨C1s（图4-29B）、O1s（图4-29C）XPS谱图展示了CEL/PCL复合薄膜的化学键详细信息。C1s谱图中284.8eV、286.3eV和288.8eV波段分别对应C—C、C—O和C＝O基团；O1s谱图中531.9eV和533.4eV波段分别对应C＝O和C—O基团。结合图4-28和图4-29的结果，表明在CEL/

PCL复合薄膜中，CEL成功地与PCL复合在一起。

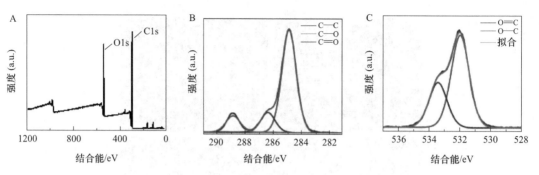

图4-29 CEL/PCL的XPS总谱图和C1s、O1s的分谱
A. CEL/PCL复合薄膜的XPS总谱图；B. CEL/PCL复合薄膜的高分辨C1s XPS谱图；
C. CEL/PCL复合薄膜的高分辨O1s XPS谱图

八、CEL/PCL复合薄膜物理性能分析

由于CEL/PCL复合薄膜未来的应用方向是增强农业环境中的光合作用，在户外环境中，复合薄膜的力学性能及热稳定性能影响实际应用，因此，研究CEL/PCL复合薄膜的力学性能及热稳定性能是必要的。纯PCL薄膜及0.2% CEL/PCL复合薄膜的典型应力-应变曲线如图4-30所示。由图可知，纯PCL薄膜的力学性能较差，当在PCL基质中掺入CEL后，复合薄膜的力学性能显著升高，这主要是由于木质素具有增强材料机械强度的特性。因此，相比纯PCL薄膜，0.2% CEL/PCL复合薄膜具有更好的力学性能，在户外环境中更具实际应用价值。

通过热重分析研究CEL/PCL复合薄膜的热稳定性能，如图4-31所示，随着CEL添加量的增加，CEL/PCL复合薄膜的热稳定性能呈现先增大后减小的趋势，当CEL浓度从0%增加到0.5%时，CEL/PCL复合薄膜的初始分解温度显著升高，0.5% CEL/PCL复合薄膜的初始分解温度为350.44℃。当CEL浓度超过0.5%时，CEL/PCL复合薄膜的初始分解温度逐渐降低。与0% CEL/PCL薄膜相比，0.5% CEL/PCL复合薄膜的初始分解温度提高了22.01℃。

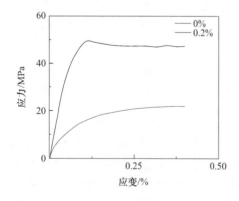

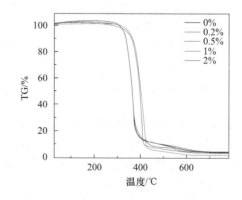

图4-30 CEL/PCL复合薄膜的应力-应变曲线　　图4-31 CEL/PCL复合薄膜的失重率（TG）曲线

九、CEL/PCL复合薄膜光学性质分析

CEL/PCL复合薄膜在激发波长为355nm的紫外光激发下显示出蓝色荧光发射，最强发射峰位约为475nm，如图4-32所示。有趣的是，随着复合薄膜中CEL浓度逐渐增加，CEL/PCL复合薄膜的荧光发射逐渐增强并且发生红移现象。此外，检测了0.2% CEL/PCL复合薄膜的荧光寿命衰减曲线，激发波长为355nm，发射波长为475nm，如图4-33所示。经过拟合计算0.2% CEL/PCL复合薄膜的荧光寿命为3.78ns。

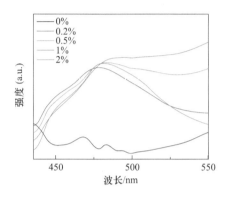

图4-32　CEL/PCL复合薄膜的荧光
发射谱图（Ex＝355nm）

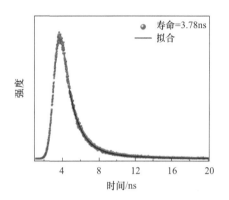

图4-33　0.2% CEL/PCL复合薄膜的荧光
衰减曲线（Ex＝355nm，Em＝475nm）

CEL/PCL复合薄膜也显示出激发依赖性荧光，如图4-34所示。随着激发波长从350nm增加到400nm，中心发射波长从450nm增加到490nm。这种激发依赖性发射特性是由酶解木质素大分子表面上发射位点的分布和尺寸效应所导致的。激发依赖性发射特性表明，CEL/PCL复合薄膜可以有效地将太阳光谱中的紫外光（350～400nm）转化为可见光，从而促进光合作用。此外，0.2% CEL/PCL复合薄膜在可见光区域具有良好的透光率，如图4-35所示，其透光率高达83%，这对于增强叶绿体光合作用具有重要意义。

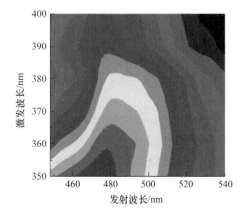

图4-34　0.2% CEL/PCL复合薄膜在不同激发
波长（350～400nm）下的荧光发射

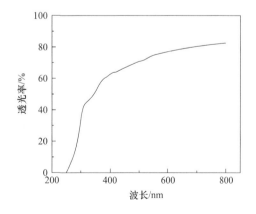

图4-35　0.2% CEL/PCL复合薄膜的透光率

十、CEL/PCL复合薄膜增强叶绿体光合作用分析

在确定了CEL/PCL复合薄膜的光学性质之后，接下来研究该复合薄膜对叶绿体光合作用的影响。0.2% CEL/PCL复合薄膜的荧光发射谱图及叶绿体的吸光度谱图如图4-36所示，由图中灰色部分可知，0.2% CEL/PCL复合薄膜在紫外光激发下发出的蓝色荧光与叶绿体在435～550nm范围内的吸光度很好地重叠在一起，这意味着CEL/PCL复合薄膜理论上具有增强叶绿体光合作用的效果。

同样采用希尔反应研究CEL/PCL复合薄膜对光合作用的影响，其中DCPIP作为人工电子受体，如图4-37所示。该实验通过用CEL/PCL复合薄膜覆盖含有叶绿体和DCPIP的混合溶液的石英比色皿来进行，然后在模拟太阳光的照射下引发希尔反应。DCPIP在600nm处吸光度的时间依赖性降低，表明DCPIP被光还原。与此同时，作为对照实验，0% CEL/PCL薄膜也覆盖在装有叶绿体和DCPIP混合溶液的石英比色皿上，然后在模拟太阳光的照射下引发希尔反应。由图4-37可知，当复合薄膜中CEL的添加量为0.2%时，叶绿体表现出最好的光合作用。随着复合薄膜中CEL添加量的增加，叶绿体的光合效果变差。这可能是由含有较高CEL含量的复合薄膜荧光发射红移所导致的。当复合薄膜荧光发射红移时，发射的可见光位于叶绿体吸收范围之外，从而导致叶绿体光合效果变差。

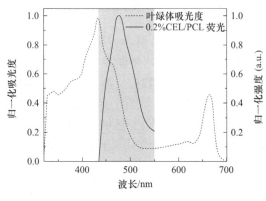

图4-36 叶绿体吸光度谱图和
0.2% CEL/PCL复合薄膜的荧光发射谱图
（Ex＝355nm）

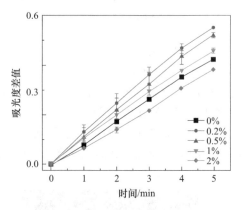

图4-37 CEL/PCL复合薄膜覆盖的
叶绿体光合作用还原DCPIP谱图
（模拟太阳光强度：16mW/cm²）

此外，还研究了不同浓度CEL/PCL复合薄膜对叶绿体光合作用的影响，如图4-38所示。由图可知，0.2% CEL/PCL复合薄膜能最大程度地促进叶绿体的光合作用。

采用吸光度差值与反应时间的比率来量化覆盖含有不同CEL添加量复合薄膜的叶绿体的光合活性，如图4-39所示。由图可知，在0.2% CEL/PCL复合薄膜覆盖下，叶绿体的光合作用速率为0.11/min，约为0% CEL/PCL薄膜覆盖下的叶绿体光合作用速率（0.085/min）的1.3倍。

对CEL/PCL复合薄膜进行铁氰化物还原试验以评估复合薄膜对叶绿体电子传递速

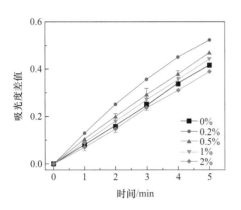

图4-38　CEL/PCL复合薄膜覆盖的叶绿体光合作用
还原DCPIP谱图（模拟太阳光强度：20mW/cm²）

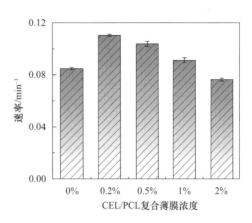

图4-39　CEL/PCL复合薄膜覆盖的叶绿体
光合作用还原DCPIP的速率

率的影响。CEL/PCL复合薄膜覆盖的叶绿体还原铁氰化物如图4-40所示。由图可知，与0% CEL/PCL薄膜相比，0.2% CEL/PCL复合薄膜覆盖的叶绿体电子传输速率提高了16%，并且随着薄膜中CEL添加量的增加，铁氰化物的还原速率逐渐降低，这与DCPIP还原实验得到的结果一致。

由于0.2% CEL/PCL复合薄膜覆盖的叶绿体电子传输速率显著提高，更多的电子沿着电子传输链转移到PS Ⅱ，从而为ATP的合成提供更多的能量。为了证实0.2% CEL/PCL复合薄膜可以增强叶绿体的光合活性，采用荧光素/荧光素酶测定方法来测量复合薄膜的ATP产生量，如图4-41所示。由图可知，在0.2% CEL/PCL复合薄膜覆盖下叶绿体产生的ATP量是0% CEL/PCL薄膜覆盖的2倍。这意味着覆盖有0.2% CEL/PCL复合薄膜的叶绿体可以捕获更多的光，从而增强叶绿体的光合活性。综上所述，在太阳光照射下，0.2% CEL/PCL复合薄膜可以有效地捕获紫外区域的太阳光子能量并将其转化为可以被叶绿体吸收和利用的蓝光，从而拓宽了叶绿体对太阳光谱的利用范围，增强叶绿体的光合活性。同时，CEL/PCL复合薄膜的研究结果也证明了简单、高效增强叶绿体光合作用策略的普适性。

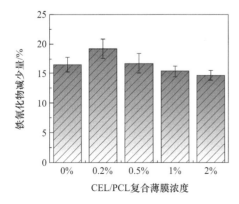

图4-40　CEL/PCL复合薄膜覆盖的叶绿体还原
铁氰化物（模拟太阳光强度：16 mW/cm²）

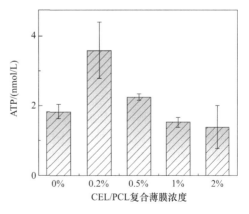

图4-41　CEL/PCL复合薄膜覆盖下的叶绿体
产生的ATP（模拟太阳光强度：16mW/cm²）

第三节　木质素/聚合物光管理薄膜的制备及性能研究

一、木质素/聚合物光管理薄膜的制备

称取30g木粉溶解在300mL无水乙醇中，随后将混合物在室温下搅拌5h。后将混合溶液离心以除去不溶性副产物，使用旋转蒸发仪蒸发离心得到的上清液直至获得木质素黏稠溶液。然后将浓缩的木质素溶液在35℃真空干燥箱中干燥24h以去除残留的乙醇，得到精制酶解木质素粉末（Wang et al.，2021）。

随后将精制酶解木质素粉末溶解在102.345mL二甲基乙酰胺中，在70℃条件下水浴搅拌反应2h，后在冰浴条件下向上述混合物中加入1.467mL丙烯酰氯和2.5mL三乙胺，随后将混合物在40℃条件下水浴搅拌反应5h，后向上述混合体系中加入大量去离子水使固体析出，离心，取沉淀。然后在35℃真空干燥箱中干燥24h以除去残留的水分，得到丙烯酰氯改性木质素（L-Ac）。

称取400mg L-Ac粉末溶解在100mL无水乙醇中，加入164.2μL 3-巯基丙酸和55μL三乙胺，在35℃条件下水浴搅拌反应10h，后向上述混合体系中加入石油醚使固体析出，离心，取沉淀。然后在35℃真空干燥箱中干燥24h以除去残留的石油醚，得到3-巯基丙酸改性L-Ac（L-Ac-M）。

称取70mg L-Ac-M粉末溶解在3mL四氢呋喃中，加入40mg N-羟基琥珀酰亚胺、10mg甲氧基-聚乙二醇-氨基（MPEG-NH$_2$）和20mg盐酸多巴胺（DP），室温搅拌反应12h，后用去离子水洗涤并离心。然后在35℃真空干燥箱中干燥24h以除去残留的水分，得到深棕色固体粉末，即为通过巯基-稀改性手段引入多巴胺改性的木质素粉末。

称取2mg改性木质素溶解在1mL四氢呋喃溶液中，利用注射泵以2mL/min的速率逐滴滴加9mL去离子水于上述溶液中，并全程以400r/min磁力搅拌溶液1h，在溶剂交换过程中自动形成木质素中空纳米颗粒（L-H-NPs）。随后向上述混合溶液中加入Na$_2$HPO$_4$/KH$_2$PO$_4$缓冲液，将L-H-NPs溶液pH调节至10.4并搅拌1h，触发改性木质素分子上多巴胺的交联，从而得到木质素多孔纳米颗粒（L-MS-NPs）。

将2.5g PVA颗粒加入50mL去离子水中，并放置在90℃水浴中搅拌3h，直至PVA完全溶解。随后将L-MS-NPs（0.1mg/mL）水溶液加入PVA溶液中，并将混合物再搅拌1h以确保L-MS-NPs在PVA溶液中均匀分散。将分散均匀的混合物静置以消除气泡，后浇铸到玻璃槽（约20cm×20cm）中并在室温下干燥即得到L-MS-NPs/PVA复合薄膜。L-MS-NPs/PVA复合薄膜中L-MS-NPs的重量百分比分别为0.005wt%、0.01wt%、0.02wt%和0.03wt%。将具有不同L-MS-NPs负载量的L-MS-NPs/PVA复合薄膜指定为L-MS-NPs-x wt%/PVA，其中x表示L-MS-NPs的负载水平。

二、改性木质素成分及结构分析

二维核磁共振谱（2D-HSQC）是由常规的一维核磁共振谱延伸而来的一项测试技

术。一维谱的信号是一个频率的函数，记为 $S(\omega)$，共振峰分布在一条频率轴上。二维谱的信号是两个独立频率变量的函数，可记为 $S(\omega 1, \omega 2)$，共振峰分布在两个频率轴组成的平面上。磁共振谱由一维扩展到二维，大大降低了谱线的拥挤和重叠程度，并提供了核自旋之间相互关系的新信息，对分析复杂体系特别有用。采用2D-HSQC核磁共振谱图对改性前后木质素成分进行定性分析，改性前的纯酶解木质素2D-HSQC核磁共振谱图见图4-42，制备的改性木质素粉末2D-HSQC核磁共振谱图见图4-43。由图4-42和图4-43综合分析可知，在二维核磁谱图侧链区〔δC/δH为（50～90）/（2.5～6.0）〕和芳香环区〔δC/δH为（90～150）/（6～8）〕中，MPEG-NH$_2$ 和多巴胺成功接枝在木质素大分子上。

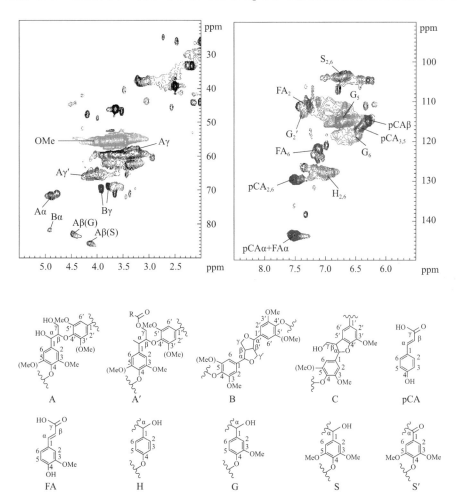

图4-42 改性前的木质素2D-HSQC核磁共振谱图（Wang et al.，2021）

主要的基本连接结构及结构单元有：A. β-O-4′醚键结构，γ位为羟基；A′. β-O-4′醚键结构，γ位为乙酰基；B. 树脂醇结构，由β-β′、α-O-γ′和γ-O-α′连接而成；C. 苯基香豆满结构，由β-5′和α-O-4′连接而成；pCA. 对香豆酯；FA. 阿魏酸；H. 对羟基苯基结构；G. 愈创木基结构；S. 紫丁香基结构；S′. 氧化紫丁香基结构，α位为酮基；ppm表示百万分之一

为了进一步确定改性后木质素的结构、元素组成及元素结合方式，对制备的改性木质素 XPS 谱图进行分析。改性后木质素的 XPS 总谱图见图 4-44A，由图分析可知，多巴胺改性木质素粉末中含有 C、O、N 元素。高分辨 C1s（图 4-44B）、O1s（图 4-44C）

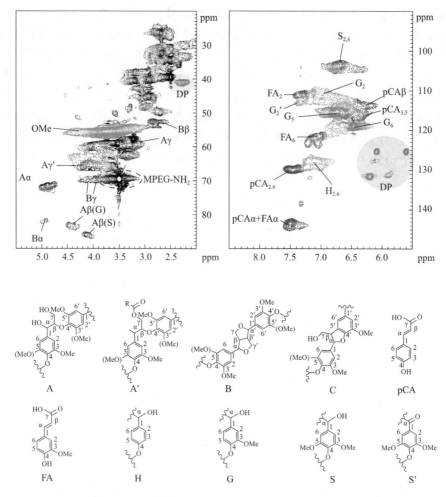

图 4-43　多巴胺改性木质素 2D-HSQC 核磁共振谱图（Wang et al.，2021）

主要的基本连接结构及结构单元有：A. β-O-4′醚键结构，γ位为羟基；A′. β-O-4′醚键结构，γ位为乙酰基；
B. 树脂醇结构，由β-β′、α-O-γ′和γ-O-α′连接而成；C. 苯基香豆满结构，由β-5′和α-O-4′连接而成；pCA. 对香豆酸；
FA. 阿魏酸；H. 对羟基苯基结构；G. 愈创木基结构；S. 紫丁香基结构；S′. 氧化紫丁香基结构，α位为酮基；DP. 多巴胺

和 N1s（图 4-44D）XPS 谱图展示了多巴胺改性木质素粉末的化学键详细信息。C1s 谱图中 284.58eV、285.98eV 和 288.78eV 波段分别对应 C—C、C—O/C—N 和 C＝O 基团；O1s 谱图中 531.58eV 和 533.18eV 波段分别对应 C＝O 和 C—O 基团；N1s 谱图中 399.88eV 和 401.88eV 波段分别对应 C—N 和 N—H 基团。以上结果证明了在改性后的木质素粉末表面存在多巴胺的基本结构官能团分子。

三、L-H-NPs 形貌分析

使用溶剂交换诱导自组装方法将多巴胺改性的木质素转化为木质素中空纳米颗粒，其结构示意图见图 4-45A，由图分析可知木质素中空纳米颗粒具体形成过程，即在改性木质素的四氢呋喃溶液中逐滴滴加去离子水时，溶液发生相分离，改性木质素分子的

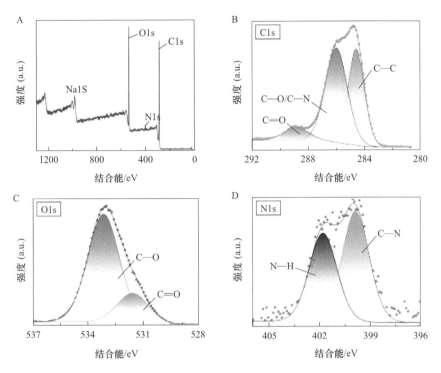

图4-44 多巴胺改性木质素的XPS总谱图和C1s、O1s、N1s的分谱（Wang et al.，2021）

A. 多巴胺改性木质素的XPS总谱图；B. 多巴胺改性木质素的高分辨C1s XPS谱图；

C. 多巴胺改性木质素的高分辨O1s XPS谱图；D. 多巴胺改性木质素的高分辨N1s XPS谱图

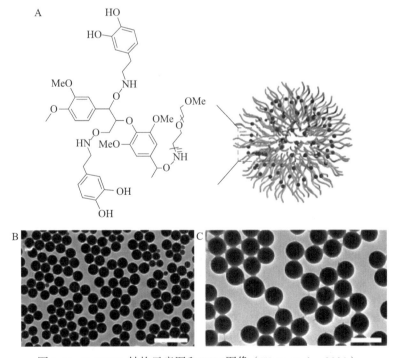

图4-45 L-H-NPs结构示意图和TEM图像（Wang et al.，2021）

A. L-H-NPs结构示意图；B、C. L-H-NPs的TEM图像（B图和C图中的比例尺分别为1μm和500nm）

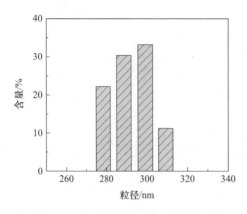

图4-46　木质素中空纳米颗粒粒径分布
直方图（Wang et al.，2021）

亲水性基团位于球体外，而疏水性基团位于球体内，随着去离子水的继续增加，水分子渗入球体内部，进一步引起改性木质素分子的逐层自组装，最终形成木质素中空纳米颗粒（L-H-NPs）。为了确证木质素中空纳米颗粒的形成，用透射电镜（TEM）观察混合溶液中纳米颗粒的微观形貌，L-H-NPs的TEM图像见图4-45B和C，由图分析可知，改性木质素通过自组装的方法最终形成形貌及大小均一的木质素中空纳米颗粒，其平均粒径为292.51±11.96nm。木质素中空纳米颗粒的粒径分布直方图如图4-46所示。

四、L-H-NPs形貌影响因素分析

将浓度为0.2mg/mL的改性木质素溶液进行自组装实验，改性木质素溶液与去离子水比例为1∶99，去离子水滴加速度分别为1mL/min、2mL/min和3mL/min，搅拌速度为400r/min，采用透射电子显微镜观察不同去离子水滴加速度对改性木质素自组装纳米颗粒微观形貌的影响，如图4-47所示。由图可知，当去离子水滴加速度为2mL/min时得到的改性木质素自组装纳米颗粒数量最多且均为中空结构。

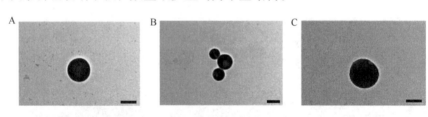

图4-47　不同水滴加速度下的改性木质素自组装纳米颗粒微观形貌图（Wang et al.，2021）
A. 去离子水滴加速度为1mL/min的改性木质素自组装纳米颗粒微观形貌图，比例尺为200nm；
B. 去离子水滴加速度为2mL/min的改性木质素自组装纳米颗粒微观形貌图，比例尺为200nm；
C. 去离子水滴加速度为3mL/min的改性木质素自组装纳米颗粒微观形貌图，比例尺为100nm

将浓度为0.2mg/mL的改性木质素溶液进行自组装实验，去离子水滴加速度为2mL/min，搅拌速度为400r/min，改性木质素溶液与去离子水比例为1∶9，采用透射电子显微镜观察1∶9溶剂配比下改性木质素自组装纳米颗粒的微观形貌，如图4-48所示。由图可知，与溶剂配比为1∶99时改性木质素自组装纳米颗粒的微观形貌（图4-47B）相比，溶剂配比为1∶9时改性木质素自组装纳米颗粒的数量多，形貌及粒径大小均一，且均为中空结构。

在制备的L-H-NPs溶液中加入Na_2HPO_4/KH_2PO_4体系缓冲液，使溶液pH调节至10.4，引发改性木质素分子上多巴胺的碱催化聚合，从而使L-H-NPs层层交联，球体内部和外部形成分子网络结构，即形成了木质素多孔纳米颗粒（L-MS-NPs），其结构示意图见图4-49A。为了确证L-MS-NPs的多孔结构，用透射电镜（TEM）观察上述溶液

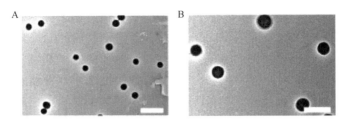

图4-48　1∶9溶剂配比下改性木质素自组装后在不同比例尺下的微观形貌图（Wang et al.，2021）

A图和B图的比例尺分别为1μm和500nm

中纳米颗粒的微观形貌，其TEM图像见图4-49B和C，由图分析可知，当L-H-NPs溶液pH调节至碱性时，由于多巴胺的碱催化聚合，木质素中空纳米颗粒最终形成了具有从内到外多孔结构的木质素多孔纳米颗粒，其平均粒径为260±0.03nm。木质素多孔纳米颗粒粒径分布直方图如图4-50所示。

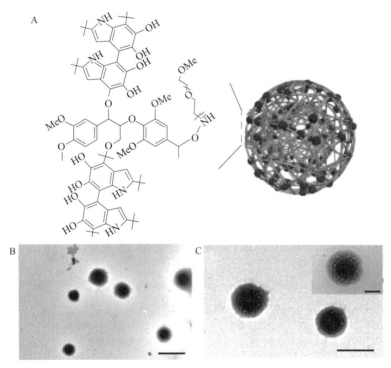

图4-49　L-MS-NPs的结构示意图与TEM图像（Wang et al.，2021）

A. L-MS-NPs结构示意图；B、C. L-MS-NPs的TEM图像（B图和C图中的比例尺分别为1μm和500nm；C图插图为L-MS-NPs的放大图，比例尺为200nm）

　　作为制备木质素多孔纳米颗粒的对照实验，分别用盐酸多巴胺或甲氧基-聚乙二醇-氨基对巯基丙酸改性的木质素进行进一步的改性实验，随后对得到的两种改性木质素粉末进行自组装及交联实验，并用透射电子显微镜观察两种改性木质素粉末自组装及交联后纳米颗粒的微观形貌。单独由盐酸多巴胺改性巯基丙酸改性木质素得到的自组装及交联后的纳米颗粒微观形貌图如图4-51所示。由图可知，仅由盐酸多巴胺改性得到

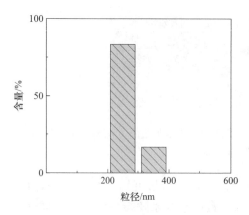

图4-50 木质素多孔纳米颗粒粒径分布
直方图（Wang et al.，2021）

的木质素自组装纳米颗粒形貌及粒径大小不均一，并且交联后的纳米颗粒多孔结构分布不均匀。单独由甲氧基-聚乙二醇-氨基改性巯基丙酸改性木质素得到的自组装及交联微观形貌图如图4-52所示。由图可知，仅由甲氧基-聚乙二醇-氨基改性得到的木质素自组装纳米颗粒呈中空结构，但形貌不均一，彼此之间粘连，并且交联后的纳米颗粒没有多孔结构。综上，单独由盐酸多巴胺或甲氧基-聚乙二醇-氨基改性木质素得到的自组装及交联纳米颗粒微观形貌，与同时用盐酸多巴胺和甲氧基-聚乙二醇-氨基改性木质素得到的自组装及交联纳米颗粒微观形貌相比均不理想。因此，需要同时用盐酸多巴胺和甲氧基-聚乙二醇-氨基对巯基丙酸改性的木质素进行进一步的改性实验。

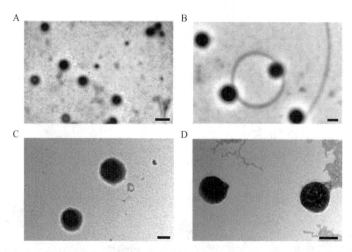

图4-51 用盐酸多巴胺改性巯基丙酸改性木质素自组装微观形貌图和交联微观形貌图（Wang et al.，2021）
A图和B图为仅用盐酸多巴胺改性巯基丙酸改性木质素自组装微观形貌图，比例尺分别为500nm和200nm；
C图和D图为仅用盐酸多巴胺改性巯基丙酸改性木质素自组装交联微观形貌图，比例尺均为200nm

作为制备木质素多孔纳米颗粒的对照实验，采用纯酶解木质素与盐酸多巴胺物理混合，随后对得到的混合物粉末进行自组装及交联实验，并用透射电子显微镜观察物理结合方式下混合物自组装及交联后纳米颗粒的微观形貌，如图4-53所示。由A图和B图可知，物理混合方式得到的自组装纳米颗粒形貌大小不均一，且成形的纳米颗粒数量少，大部分为无定形。由C图和D图可知，由物理混合方式得到的自组装纳米颗粒交联后的形貌为无定形结构。与盐酸多巴胺和甲氧基-聚乙二醇-氨基化学改性木质素得到的自组装及交联后的纳米颗粒微观形貌相比，纯酶解木质素与盐酸多巴胺物理结合后通过自组装的方法并不能得到形貌大小均一的中空纳米颗粒，同时交联后也得不到具有均匀孔

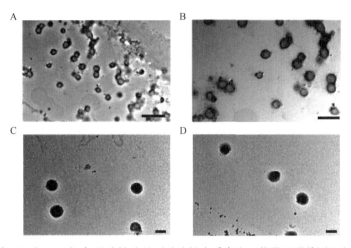

图4-52 用甲氧基-聚乙二醇-氨基改性巯基丙酸改性木质素自组装微观形貌图和交联微观形貌图
（Wang et al.，2021）

A图和B图为仅用甲氧基-聚乙二醇-氨基改性巯基丙酸改性木质素自组装微观形貌图，
比例尺分别为1μm和500nm；C图和D图为仅用甲氧基-聚乙二醇-氨基改性巯基丙酸改性
木质素自组装交联微观形貌图，比例尺均为200nm

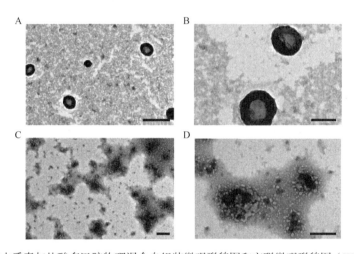

图4-53 纯酶解木质素与盐酸多巴胺物理混合自组装微观形貌图和交联微观形貌图（Wang et al.，2021）

A图和B图为纯酶解木质素与盐酸多巴胺物理混合自组装微观形貌图，比例尺分别为500nm和200nm；
C图和D图为纯酶解木质素与盐酸多巴胺物理混合自组装交联微观形貌图，比例尺均为200nm

结构的多孔纳米颗粒。

　　作为制备木质素多孔纳米颗粒的对照实验，直接将纯酶解木质素进行自组装及交联实验，并用透射电子显微镜观察所得到的自组装及交联纳米颗粒微观形貌，如图4-54所示。由A图和B图可知，由纯酶解木质素得到的自组装纳米颗粒形貌不均一，彼此之间粘连，且成形的纳米颗粒数量少，大部分为无定形结构。由C图和D图可知，纯酶解木质素自组装纳米颗粒交联后为无定形结构。因此，与改性后木质素自组装及交联得到的纳米颗粒微观形貌相比，未改性的纯酶解木质素通过自组装并不能得到形貌大小均一的中空纳米颗粒，同时交联后也得不到具有均匀孔结构的多孔纳米颗粒。

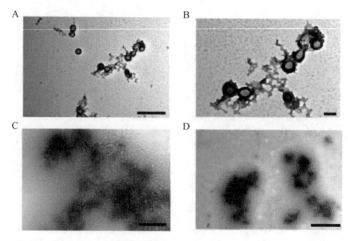

图4-54　纯酶解木质素自组装微观形貌图和交联微观形貌图（Wang et al.，2021）

A图和B图为纯酶解木质素自组装纳米颗粒微观形貌图，比例尺分别为1μm和200nm；

C图和D图为纯酶解木质素自组装纳米颗粒交联后的微观形貌图，比例尺均为500nm

五、L-MS-NPs性能分析

为了证明木质素多孔纳米颗粒具有强粒子稳定性，采用手持式超声波细胞破碎仪对木质素多孔纳米颗粒溶液进行超声破碎实验，其功率为120W，时间为5min。后通过Zetasizer Nano ZS粒径分析仪来检测超声破碎实验前后木质素多孔纳米颗粒的粒径，见图4-55A，由图分析可知，与超声破碎处理前相比，木质素多孔纳米颗粒的粒径在超声破碎实验处理5min后无明显变化，表明木质素多孔纳米颗粒具有强粒子稳定性。作为对照实验，对木质素中空纳米颗粒也进行了超声破碎实验，实验条件同木质素多孔纳米颗粒。木质素中空纳米颗粒的超声破碎实验前后粒径见图4-55B，由图分析可知，与超声破碎处理前相比，木质素中空纳米颗粒的粒径在超声破碎实验处理5min后发生显著变化，表明木质素中空纳米颗粒被破坏。综上可知，由于多巴胺的碱催化聚合，诱导木

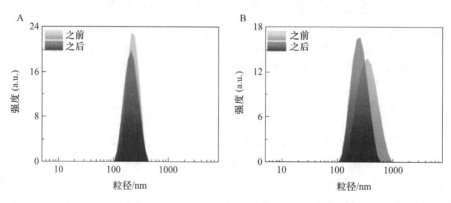

图4-55　超声破碎实验前后木质素多孔纳米颗粒（A）和

中空纳米颗粒（B）的粒径（Wang et al.，2021）

A图和B图中的功率均为120W，时间均为5min

质素中空纳米颗粒层层交联，球体内部和外部形成分子网络结构，最终形成具有强粒子稳定性的木质素多孔纳米颗粒。

六、L-MS-NPs荧光特性分析

为了揭示所合成的木质素多孔纳米颗粒的荧光发射特性，首先对该纳米颗粒进行UV-vis吸收光谱表征，如图4-56所示，木质素多孔纳米颗粒在200~400nm的紫外区域显示出强吸收，这是由于木质素分子中含有苯丙烷结构和酚羟基，它们具有很强的紫外光吸收能力。

木质素多孔纳米颗粒的荧光发射光谱见图4-57，由图分析可知，木质素多孔纳米颗粒在激发波长为365nm的激发下发出蓝绿色荧光，最强发射峰位为473nm。这主要是由于木质素分子中苯基丙烷单元的聚集空间共轭效应。此外，经过拟合计算木质素多孔纳米颗粒溶液的荧光寿命为4ns，如图4-58所示。

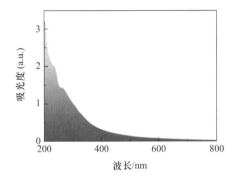

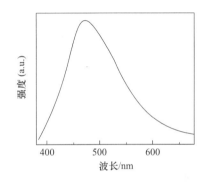

图4-56　木质素多孔纳米颗粒紫外-可见吸收光谱图（Wang et al., 2021）

图4-57　木质素多孔纳米颗粒荧光发射光谱图（Ex＝365nm）（Wang et al., 2021）

众所周知，与小分子荧光团不同，木质素属于多荧光团发光体系，表现出典型的激发波长依赖性，如图4-59所示，随着激发波长从300nm增加到450nm，木质素多孔纳米颗粒的中心发射波长从450nm增加到500nm。这种光学特性可能是由于木质素大分子表

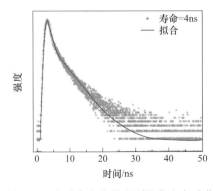

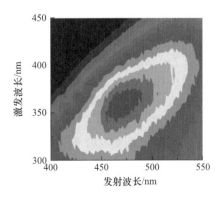

图4-58　木质素多孔纳米颗粒荧光衰减曲线（Ex＝365nm，Em＝450nm）（Wang et al., 2021）

图4-59　木质素多孔纳米颗粒在不同激发波长（300~450nm）下的荧光发射（Wang et al., 2021）

面上发射位点的分布和尺寸效应而产生的。木质素多孔纳米颗粒的激发依赖性发射特性表明合成的多孔纳米颗粒可以有效地利用太阳光谱范围内从300nm到450nm的紫外光，对于拓宽太阳光谱的利用范围具有重要意义。

七、L-MS-NPs/PVA复合薄膜雾度和透光率分析

雾度定义为偏离入射光超过2.5°的透射光强度与总透射光强度之间的比率。通过将L-MS-NPs和PVA均匀混合制备了具有优异雾度特性的光学复合薄膜，如图4-60所示。其中，图4-60中的插图显示了L-MS-NPs-0.03wt%/PVA复合薄膜的光散射效应，当直径为0.4cm的绿色激光穿过复合薄膜时，在背板上产生了直径约18cm的均匀的光散射区域。这一结果证明了L-MS-NPs-0.03wt%/PVA复合薄膜具有强光散射特性。

研究表明，可以通过改变L-MS-NPs/PVA复合薄膜中L-MS-NPs的浓度来调节复合薄膜的雾度特性。具体来说，随着复合薄膜中L-MS-NPs负载量从0.005wt%增加到0.03wt%，雾度参数从11.8%逐渐增加到64.4%，如图4-61所示。此外，含有不同L-MS-NPs浓度的L-MS-NPs/PVA复合薄膜照片如图4-62所示。由图可知，当L-MS-NPs添加量为0wt%时，即纯PVA薄膜，是高度透明的，随着复合薄膜中L-MS-NPs浓度逐渐增加，薄膜雾度逐渐增大。

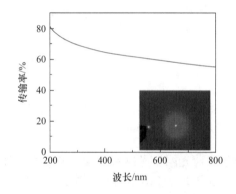

图4-60　L-MS-NPs-0.03wt%/PVA复合薄膜的透射雾度（Wang et al., 2021）

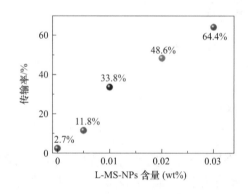

图4-61　含有不同L-MS-NPs浓度的L-MS-NPs/PVA复合薄膜透射雾度（Wang et al., 2021）

值得注意的是，该复合薄膜不仅具有高光学雾度，而且在400～800nm范围内具有与纯PVA薄膜相当的高透光率（约85%），如图4-63所示。此外，含有不同L-MS-NPs浓度的L-MS-NPs/PVA复合薄膜在400～800nm范围内均显示出良好的透光率（≥85%），如图4-64所示。

接下来进行了几项实验来进一步研究L-MS-NPs/PVA复合薄膜良好雾度特性背后的理论机制。作为对照实验，制备了木质素中空纳米颗粒/PVA（L-H-NPs/PVA）复合薄膜，令人惊讶的是，该复合薄膜仅显示出约1.5%的光学雾度，如图4-65所示。图4-65中的插图显示了L-H-NPs/PVA复合薄膜的光散射效应，当直径为0.4cm的绿色激光穿过复合薄膜时，在背板上并没有产生如图4-60插图所示的大面积均匀光散射区域。这一

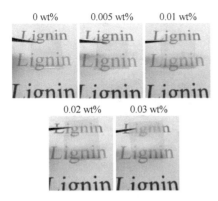

图4-62　含有不同L-MS-NPs浓度的L-MS-NPs/
PVA复合薄膜照片（Wang et al.，2021）

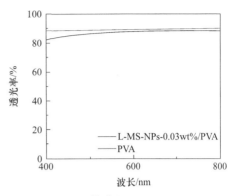

图4-63　纯PVA薄膜和L-MS-NPs-0.03wt%/PVA
复合薄膜的透光率（Wang et al.，2021）

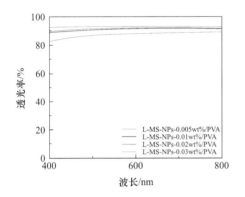

图4-64　含有不同L-MS-NPs浓度的L-MS-NPs/
PVA复合薄膜透光率（Wang et al.，2021）

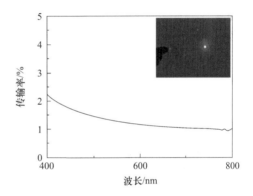

图4-65　L-H-NPs/PVA复合薄膜的透射雾度
（Wang et al.，2021）

结果证明了L-H-NPs/PVA复合薄膜不具有光散射特性，这主要是由L-H-NPs/PVA复合薄膜低的光学雾度所导致的。

使用原子力扫描探针显微镜（AFM）比较L-H-NPs/PVA和L-MS-NPs/PVA复合薄膜的表面形貌及粗糙度。含有木质素中空纳米颗粒的复合薄膜具有相对光滑的表面，如图4-66所示，均方根（RMS）粗糙度为2.76±0.2nm。由于L-H-NPs/PVA复合薄膜纳米级的光滑度，该薄膜可应用于一系列光电子器件领域。L-H-NPs/PVA复合薄膜光滑的表面可能归因于木质素中空纳米颗粒的不稳定性，正如图4-55B所示，与超声破碎处理前相比，木质素中空纳米颗粒的粒径在超声破碎实验处理5min后发生显著变化，表明木质素中空纳米颗粒被破坏，纳米颗粒具有不稳定性。因此，木质素中空纳米颗粒在薄膜制备过程中很容易因压缩而变形，从而形成光滑的表面，这有利于线性的光穿透，并导致L-H-NPs/PVA复合薄膜具有低雾度。

L-MS-NPs/PVA复合薄膜的表面形貌及粗糙度如图4-67所示。由图可知，L-MS-NPs的形貌在L-MS-NPs/PVA复合薄膜的AFM高度图像中清晰可见。并且L-MS-NPs/PVA复合薄膜的表面比较粗糙，RMS粗糙度高达26.87±3.57nm。L-MS-NPs/PVA复合薄膜表面如此大的粗糙度可能归因于木质素多孔纳米颗粒是通过分子交联制备的，具有良好的

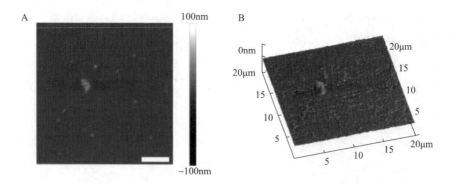

图4-66 L-H-NPs/PVA复合薄膜的AFM高度图像（A）和
3D AFM图像（B）（Wang et al.，2021）
A图比例尺＝4μm；B图扫描面积为20μm×20μm

机械性能及强粒子稳定性，正如图4-55A所示，与超声破碎处理前相比，木质素多孔纳米颗粒的粒径在超声破碎实验处理5min后无明显变化，表明木质素多孔纳米颗粒具有强粒子稳定性。L-MS-NPs/PVA复合薄膜表面巨大的粗糙度有助于散射穿透的光，并导致L-MS-NPs/PVA复合薄膜具有高雾度特性。这一研究结果有力地证明了材料设计的合理性。

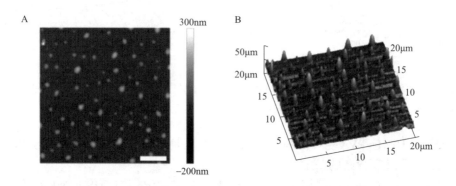

图4-67 L-MS-NPs-0.01wt%/PVA复合薄膜的AFM高度图像（A）和
3D AFM图像（B）（Wang et al.，2021）
A图比例尺＝4μm；B图扫描面积为20μm×20μm

八、L-MS-NPs/PVA复合薄膜光致发光特性分析

接下来研究了L-MS-NPs/PVA复合薄膜的光致发光特性。众所周知，由于木质素具有阻挡紫外光的能力，L-MS-NPs/PVA复合薄膜在190～400nm的紫外区域显示出强烈的吸光度，如图4-68所示。由图分析可知，随着L-MS-NPs浓度的增加，L-MS-NPs/PVA复合薄膜在190～400nm的吸光度逐渐增强。

L-MS-NPs/PVA复合薄膜显示出蓝色荧光发射，如图4-69所示，这与水溶液中的L-MS-NPs的荧光发射峰位相似（图4-57），进一步表明了L-MS-NPs确实是复合薄膜基质中的发射源。由图分析可知，随着L-MS-NPs浓度的增加，L-MS-NPs/PVA复合薄膜的蓝色荧光发射逐渐增强。

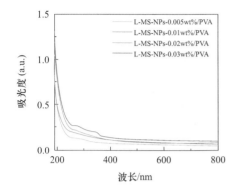

图4-68 含有不同L-MS-NPs浓度的L-MS-NPs/PVA复合薄膜吸光度（Wang et al., 2021）

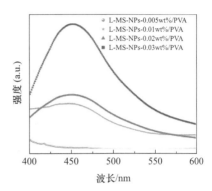

图4-69 L-MS-NPs/PVA复合薄膜荧光发射谱图（激发波长为380nm）（Wang et al., 2021）

L-MS-NPs/PVA复合薄膜的荧光寿命衰减曲线如图4-70所示。由图分析可知，当L-MS-NPs浓度为0.005wt%时，L-MS-NPs/PVA复合薄膜的荧光寿命约为5ns，而当L-MS-NPs浓度增加到0.03wt%时，荧光寿命降至约3ns。该研究结果表明，提高L-MS-NPs/PVA复合薄膜中L-MS-NPs的浓度并不能持续提升薄膜基质中激发态的荧光寿命。因此，复合薄膜基质中合适的L-MS-NPs浓度对于之后的光管理应用至关重要。

此外，L-MS-NPs/PVA复合薄膜还具有激发依赖性发射特性，如图4-71所示。由图分析可知，随着激发波长从320nm增加到440nm，L-MS-NPs/PVA复合薄膜的中心发射波长从440nm增加到480nm。这种光学性质可能是由木质素大分子表面上发射位点的分布和尺寸效应所导致的。这种激发依赖性发射特性表明L-MS-NPs/PVA复合薄膜可以有效地利用太阳光谱范围内从320nm到440nm的紫外光，这一特性对于后续光管理应用非常重要。

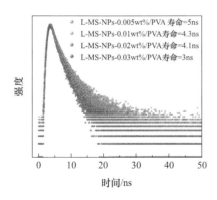

图4-70 含有不同L-MS-NPs浓度的L-MS-NPs/PVA复合薄膜荧光寿命（激发波长为365nm，发射波长为450nm）（Wang et al., 2021）

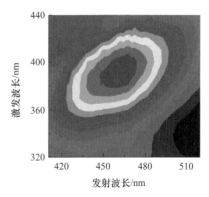

图4-71 L-MS-NPs-0.03wt%/PVA复合薄膜在不同激发波长（320～440nm）下的荧光发射（Wang et al., 2021）

有趣的是，L-MS-NPs/PVA复合薄膜还产生了长余辉室温磷光发射，如图4-72所示，磷光寿命长达436ms。复合薄膜的长余辉室温磷光发射可能归因于L-MS-NPs表面上羟基部分和羰基基团之间的氢键作用，该氢键作用限制了羟基部分和羰基基团的分子自旋，从而促进了长余辉室温磷光发射。

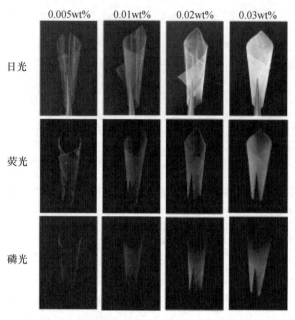

图4-72　去除激发光源（365nm 紫外灯）后含有不同L-MS-NPs浓度的L-MS-NPs/PVA
复合薄膜长余辉室温磷光发射图像（Wang et al.，2021）

　　L-MS-NPs/PVA复合薄膜的长余辉室温磷光发射谱图如图4-73所示。由图分析可知，该复合薄膜的磷光发射强度取决于薄膜中L-MS-NPs的浓度，随着L-MS-NPs浓度的增加，L-MS-NPs/PVA复合薄膜的长余辉室温磷光发射逐渐增强。L-MS-NPs/PVA复合薄膜的磷光寿命衰减曲线如图4-74所示，由图分析可知，长余辉室温磷光的寿命也可以通过改变复合薄膜中L-MS-NPs的浓度来微调，随着L-MS-NPs的浓度从0.005wt%增加到0.03wt%，长余辉室温磷光的寿命从238ms逐渐增加到436ms。

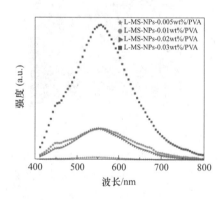

图4-73　含有不同L-MS-NPs浓度的L-MS-NPs/PVA复合薄膜长余辉室温磷光发射谱图（激发波长为380nm）（Wang et al.，2021）

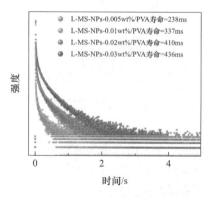

图4-74　L-MS-NPs/PVA复合薄膜磷光寿命衰减曲线（激发波长为380nm）（Wang et al.，2021）

此外，还研究了L-MS-NPs-0.01wt%/PVA复合薄膜的光学稳定性，如图4-75所示。由图分析可知，L-MS-NPs-0.01wt%/PVA复合薄膜在1个标准太阳照射（100mW/cm²）下2h内的吸光度保持不变。光学稳定性测试结果表明L-MS-NPs-0.01wt%/PVA复合薄膜具有良好的光学稳定性。

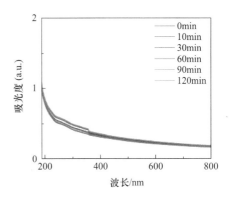

图4-75　L-MS-NPs-0.01wt%/PVA复合薄膜的光学稳定性（1个标准太阳照射，100 mW/cm²）（Wang et al.，2021）

九、L-MS-NPs/PVA复合薄膜提高DSSCs工作效率的研究

作为L-MS-NPs/PVA复合薄膜的一个潜在应用，我们研究了它对N719染料敏化太阳能电池光伏响应特性的影响。首先，研究了N719染料吸光度与L-MS-NPs/PVA复合薄膜荧光和磷光发射之间的关系，如图4-76所示。令人高兴的是，N719染料的吸光度与L-MS-NPs/PVA复合薄膜紫外光触发的荧光和长余辉室温磷光发射很好地重叠在一起（图中灰色部分）。这一研究结果表明，L-MS-NPs/PVA复合薄膜这种将紫外光转换为可见光的特性可以拓宽太阳能电池可用光的范围，提高太阳能电池对光的利用率。与此同时，L-MS-NPs/PVA复合薄膜的雾度特性可以拉长器件内的光路径，增强太阳能电池对光的吸收和利用。综上所述，L-MS-NPs/PVA复合薄膜在提高太阳能电池性能方面显示出了巨大的潜力。

受到以上研究结果的鼓舞，接下来评估了L-MS-NPs/PVA复合薄膜对N719染料敏化太阳能电池外量子效率（EQE）的影响。外量子效率定义为太阳能电池收集的电荷载流子数量与每个波长下入射光子数量之间的比率。在具体的实验操作中，记录用L-MS-NPs/PVA复合薄膜覆盖后的光伏电池测量结果。其中，L-MS-NPs/PVA复合薄膜增强染料敏化太阳能电池光电转换的示意图如图4-77所示。由图可知，在实验中利用无水乙

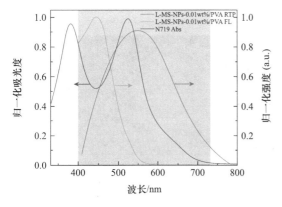

图4-76　N719染料紫外-可见吸收光谱（紫色）、L-MS-NPs-0.01wt%/PVA复合薄膜荧光发射谱图（蓝色）和L-MS-NPs-0.01wt%/PVA复合薄膜长余辉室温磷光发射谱图（绿色）（Wang et al.，2021）

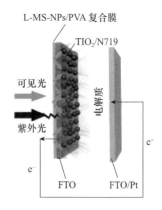

图4-77　L-MS-NPs/PVA复合薄膜增强染料敏化太阳能电池光电转换的示意图（Wang et al.，2021）

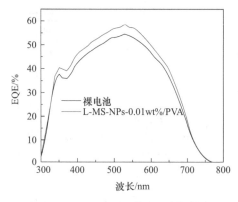

图4-78 裸电池和覆盖有L-MS-NPs-0.01wt%/PVA复合薄膜的染料敏化太阳能电池EQE曲线（Wang et al., 2021）

醇将L-MS-NPs/PVA复合薄膜吸附在染料敏化太阳能电池中掺杂氟的二氧化锡（FTO）导电玻璃上，通过复合薄膜对紫外光的转化及对可见光的散射作用从而增强了染料敏化太阳能电池的光电转换效率。

裸染料敏化太阳能电池和覆盖具有优化浓度（0.01wt%）的L-MS-NPs/PVA复合薄膜的染料敏化太阳能电池外量子效率（EQE）曲线如图4-78所示。覆盖有L-MS-NPs-0.01wt%/PVA复合薄膜的染料敏化太阳能电池外量子效率测试实物图如图4-79所示。由图4-78分析可知，与裸电池的外量子效率曲线相比，覆盖有L-MS-NPs-0.01wt%/PVA复合薄膜的染料敏化太阳能电池在350~700nm的光谱范围内外量子效率明显增强。同时，基于EQE和AM 1.5G太阳光数据，在加入L-MS-NPs-0.01wt%/PVA复合薄膜后，集成光电流密度从8.95mA/cm^{2}提高到9.57mA/cm^2。这一现象归因于L-MS-NPs/PVA复合薄膜紫外光子下转换及雾度特性的协同作用。此外，之所以以L-MS-NPs浓度为0.01wt%作为最优浓度主要是因为以下两点：第一，先前的研究结果表明L-MS-NPs/PVA复合薄膜的荧光寿命随着L-MS-NPs浓度的增加而降低。因此，当L-MS-NPs浓度过高时复合薄膜荧光寿命低，这可能会损害L-MS-NPs/PVA复合薄膜与太阳能电池之间的能量转移。第二，L-MS-NPs/PVA复合薄膜的雾度特性结果表明，随着L-MS-NPs浓度的增加复合薄膜的雾度也逐渐增加。但太阳能电池的工作效率与复合薄膜的雾度值并不成正比关系，较大的雾度值可能会引起强的光反射从而导致更少的光进入太阳能电池中并被其利用。

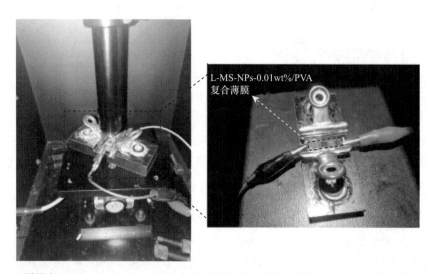

图4-79 覆盖有L-MS-NPs-0.01wt%/PVA复合薄膜的染料敏化太阳能电池外量子效率测试实物图

（Wang et al., 2021）

采用AM 1.5G太阳模拟器（100mW/cm²，1个标准太阳照射）测量裸染料敏化太阳能电池和覆盖有L-MS-NPs-0.01wt%/PVA复合薄膜的染料敏化太阳能电池的光电流-电压特性曲线，如图4-80所示。其中详细的光伏参数见表4-1，包括短路电流密度（JSC）、开路光电压（VOC）、填充因子（FF）和能量转换效率（PCE）。由表可知，染料敏化太阳能电池在覆盖L-MS-NPs-0.01wt%/PVA复合薄膜后，其JSC从7.13mA/cm²提高到7.37mA/cm²。

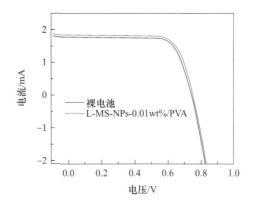

图4-80　裸电池和覆盖有L-MS-NPs-0.01wt%/PVA复合薄膜的染料敏化太阳能电池电流-电压特性曲线（Wang et al.，2021）

表4-1　裸电池和覆盖有L-MS-NPs-0.01wt%/PVA复合薄膜电池的光伏参数（Wang et al.，2021）

测试系统	VOC/V	JSC/（mA/cm²）	FF/%	PCE/%
裸电池	0.7440±0.0002	7.130±0.050	74.669±0.170	3.959±0.020
覆盖有L-MS-NPs-0.01wt%/PVA复合薄膜电池	0.7510±0.0016	7.374±0.010	74.547±0.090	4.129±0.003

作为复合薄膜应用于太阳能电池的拓展实验，还研究了L-MS-NPs-0.01wt%/PVA复合薄膜的热稳定性，如图4-81所示。由图分析可知，L-MS-NPs-0.01wt%/PVA复合薄膜的半分解温度为259.4℃，最大分解速率温度为254.8℃。热稳定性测试结果表明，L-MS-NPs-0.01wt%/PVA复合薄膜具有良好的热稳定性，这对于应用于太阳能电池具有很大的实用价值。此外，还评估了本研究中PCE的增长率及其他类似工作中报告的增长率（增长率分别为3.4%、5.6%和0.7%），结果表明，PCE的增长率位于中等偏上水平。所有这些结果表明，L-MS-NPs/PVA复合薄膜在提高太阳能电池工作效率方面具有巨大潜力。

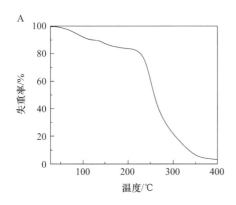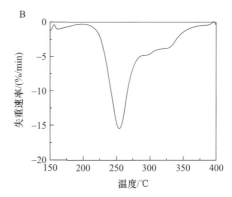

图4-81　L-MS-NPs-0.01wt%/PVA复合薄膜的失重率曲线（A）和
失重速率曲线（B）（Wang et al.，2021）

本 章 小 结

在本章中，通过将木质素自组装制备为荧光纳米颗粒，探明其光能转化行为，将其应用于提升植物光合作用与太阳能电池工作效率。

我们研制出一种以 LS 为纳米光转换器、CMC 为基质的新型光转换复合薄膜。该复合薄膜表现出良好的光致发光特性，可以成功地将紫外光转化为可见光，从而拓宽了叶绿体对太阳光谱的利用范围。LS/CMC 复合薄膜覆盖的叶绿体具有更高的光合活性和电子传递效率。这项研究提出了一种使用可持续生物质材料来简单有效地增强叶绿体光合作用的有前景的方法。并且通过制备的 CEL/PCL 复合薄膜研究结果证明了我们提出的这种简单、高效增强叶绿体光合作用策略的普适性。这种类型的集光复合薄膜将有助于增强农业环境中的光合作用，进而提高粮食生产效率。

本章采用巯基 - 稀改性方法将多巴胺引入木质素分子中，通过自组装及交联制备得到了木质素多孔纳米颗粒并将其与 PVA 混合制得光管理薄膜，该薄膜在提升太阳能电池工作效率方面显示出巨大潜力。通过 2D-HSQC 核磁共振及 XPS 对合成产物的成分和分子结构进行分析确证，表明多巴胺成功接枝在木质素大分子上。光管理薄膜显示出良好的荧光、长余辉室温磷光发射及可调节的雾度特性。光管理薄膜的光致发光特性成功地将紫外光转化为可见光，从而扩大了太阳能电池对太阳光谱的吸收范围。与此同时，该复合薄膜的雾度特性也促使更多的阳光进入太阳能电池中，这有助于提升太阳能电池的工作效率。基于光致发光和雾度的协同效应，复合薄膜成功地用于提高染料敏化太阳能电池的工作效率。由于具有光致发光和雾度特性的柔性光学薄膜已在太阳能电池领域得到应用，因此所制备的光管理薄膜在未来将具有非常广阔的应用前景。

第五章

木材仿生光学中的室温磷光余辉材料

第一节　木材组分转化为室温磷光材料的研究现状

余辉室温磷光（RTP）被定义为在移除激发光源后持续100ms以上的发射，通常可以通过肉眼检测到。余辉RTP发射的材料具有较长的寿命、较大的斯托克斯位移和显著的信噪比，使其能够广泛用于检测应用，如光学传感、生物成像和信息加密。在所有余辉RTP材料中，由天然木材组分制备的余辉RTP材料由于其含量丰富、可持续性和优异的生物相容性而备受关注。制备生物质基余辉RTP材料有两种主要方法：第一种是将木材组分转化为具有高效自旋轨道耦合（SOC）的碳点，这些碳点随后被限制在有机基质中，以稳定三重态激子并产生余辉RTP发射。第二种是直接使用未经处理的天然产物，如木质素和明胶，作为发色团限制在刚性基体中产生余辉RTP发射。第二种方法更具有吸引力，因为它具有方便、节能、可持续等优点。然而，第二种方法获得的余辉RTP材料寿命较短，阻碍了其实际应用。因此我们在研究中重点采用了第二类方法即基于木材组分构建室温磷光材料。

第二节　基于没食子酸的室温磷光材料的制备与研究

一、基于没食子酸的室温磷光材料的制备

将天然多酚没食子酸（GA）嵌入天然基质中，即Ca^{2+}交联的海藻酸钠网络（SA），以生成可持续余辉RTP材料（GA@SA），如图5-1所示。研究发现，在交联的SA基体

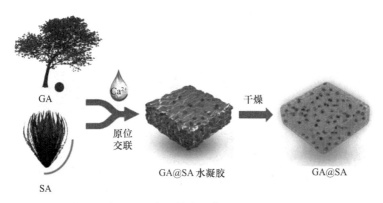

图5-1　利用天然多酚没食子酸生产可持续的余辉RTP材料流程图（Wan et al.，2022）

中，GA形成了H型聚集体。GA分子倾向于和SA链之间形成多重氢键，特别是GA的羧基部分形成分子间氢键，限制了GA分子振动。所有这些方面都有助于促进SOC，使得GA@SA的余辉RTP发射成为可能。此外，我们还证明了该方法的普适性，其他几种天然多酚，如单宁酸（TA）、咖啡酸（Cafa）和绿原酸（CA）同样可以嵌入交联的SA聚合物基质中转化为余辉RTP材料（Wan et al., 2022）。

二、没食子酸的光物理性能研究

没食子酸（GA）作为典型的天然多酚类化合物，其基本的光学性质如图5-2所示，在固体GA粉末的UV-vis光谱中，在250nm、312nm和378nm处表现出三个主要的吸收带（图5-2A，黑实线），前者源自C＝C的π-π*跃迁，后者源自C＝O的n-π*跃迁。GA的荧光激发光谱在340nm有一个峰，与其在300~400nm的吸收峰一致，表明GA的荧光发射主要来自C＝O（图5-2A，灰实线）。GA的荧光发射峰为415nm（图5-2A，黑虚线），接着测试了其不同激发波长下的荧光发射光谱，如图5-2B所示，最大激发波长和发射波长分别在340nm和415nm。

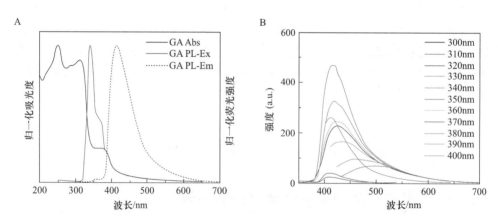

图5-2 固态GA粉末的UV-vis、荧光激发光谱及荧光发射光谱（A）和在300~400nm激发下的荧光发射光谱（B）（Wan et al., 2022）

同时，GA在室温条件下用紫外灯激发后仅表现出蓝色的荧光，紫外灯关闭后未观察到其具有余辉RTP发射，如图5-3所示。测试了其在415nm处的荧光寿命为3ns，如

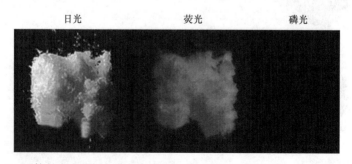

图5-3 GA固体粉末在明场、紫外激发后的荧光和RTP发射图片（Wan et al., 2022）

图5-4所示。

当温度降低到77K时，测试了GA乙醇稀溶液（10^{-5}mol/L）的磷光发射光谱和磷光寿命，如图5-5所示，磷光发射波长为500nm，磷光寿命为1335.87ms。这是由于低温条件下，限制分子热运动以减弱非辐射跃迁造成的发光猝灭，使三线态激子直接从高能态回到了基态，同时单线态和三线态之间的能极差更小，有利于系间窜越过程产生低温磷光发射。

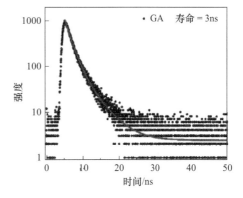

图5-4　固体GA粉末的荧光寿命
（Wan et al.，2022）

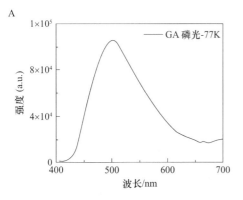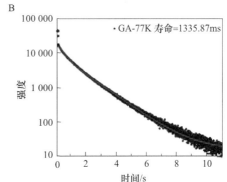

图5-5　77K下GA乙醇溶液的磷光发射光谱（A）和
磷光寿命（B）（Wan et al.，2022）

三、GA@SA复合材料的光物理性能

通常，实现室温的余辉发射可以将磷光体嵌入刚性环境中来减少非辐射失活。海藻酸钠具有独特的半刚性结构，与Ca^{2+}之间形成的聚合物网络作为交联基质，同时GA分子与SA交联基质间形成强烈的氢键作用产生磷光发射。如图5-6A所示，室温环境下，在365nm的紫外光激发下，GA@SA粉末表现出明显的蓝色荧光，其荧光发射波长在400nm附近（图5-6A，黑实线）。正如预期的那样，在关闭紫外光源后，观察到明显的超长绿色余辉。磷光光谱显示，其发射波长在500nm（图5-6A，灰实线），与GA乙醇稀溶液在77K条件下的磷光发射一致（图5-5A），这证明GA@SA的磷光发色团为GA分子。在不同的激发波长激发下（图5-6B），GA@SA的磷光光谱表现出明显的激发波长依赖性，随着激发波长从300nm变化到400nm，其磷光发射也从480nm红移到550nm，这可能和SA基质中GA的多种存在形式有关，SA链和GA分子不同的分子间产生相互作用，GA可以形成单体或二聚体，它们具有不同的能级和有效的共轭长度，从而随着激发波长的变化产生不同的余辉。随后测试了GA@SA粉末在500nm处的室温磷光寿命，为756.03ms，如图5-7A所示，证实了GA@SA具有磷光发射属性。同时，如

图5-7B所示，拍摄了GA@SA粉末在室温条件下关闭紫外光源前后随时间的变化过程，其余辉发射时间长达10s。如图5-8所示，GA@SA粉末的UV-vis吸收光谱显示，其UV-vis吸收峰位于200～400nm紫外区域，与GA类似。

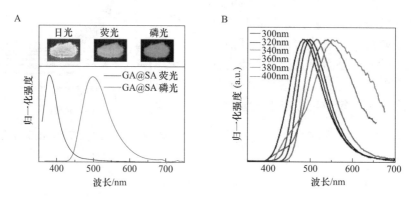

图5-6　GA@SA的光物理性能（Wan et al., 2022）

A. GA@SA的荧光和RTP发射，激发波长＝340nm，插图：GA@SA在明场、365nm紫外灯照射下的荧光和RTP发射图片；
B. 固态GA@SA粉末在300～400nm激发下的磷光发射光谱

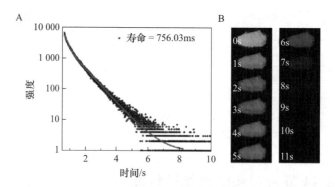

图5-7　GA@SA的磷光寿命（A）和室温条件下关闭365nm紫外灯之前（第一行）与之后（后续行）在不同时间间隔拍摄的GA@SA照片（B）（Wan et al., 2022）

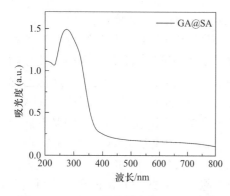

图5-8　GA@SA固体粉末的UV-vis光谱
（Wan et al., 2022）

作为对比，制备了不添加GA的海藻酸钠气凝胶（SA），通过稳态/瞬态荧光光谱仪表征了其磷光发射性质，如图5-9A所示，其磷光最大发射峰位于517nm处，与GA@SA发射波长有所不同，归属于SA自身的磷光发射。这是由于SA富含羟基和羧基，氧原子和羧酸单元的聚集及构象刚性化，同时电子云重叠导致了余辉室温磷光发射，团簇诱导发射（CTE）机制可以很好地解释其发射行为。如图5-9B所示，SA具有比较短的磷光寿命，仅为151.95ms。

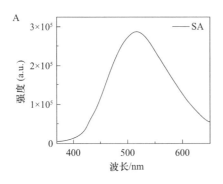
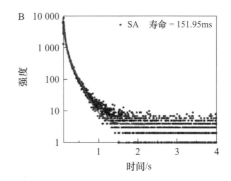

图5-9　SA气凝胶的RTP发射光谱（A）和磷光寿命（B）（Wan et al.，2022）

室温下的时间分辨发射光谱表明GA@SA具有持久稳定的余辉发射，其磷光发射集中在500nm，随着时间的延迟，磷光光谱的分布保持稳定并在相同发射波长下保持弱磷光发射长达约1000ms，如图5-10所示。为了进一步证明其磷光性质，了解温度对GA@SA复合材料的影响，我们测试了其在不同温度下的磷光发射光谱和发射寿命，如图5-11所示，随着温度从77K增加到277K，其在500nm处的磷光发射强度不断下降（图5-11A），其磷光寿命也表现出同样的变化趋势（图5-11B）。这归因于在温度升高的同时，发射中心GA剧烈地转动和振动，导致非辐射跃迁增强，辐射跃迁能力降低。

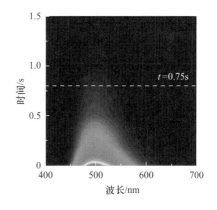

图5-10　GA@SA的时间分辨发射光谱
（Wan et al.，2022）

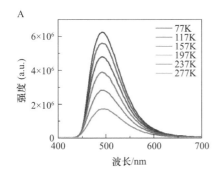
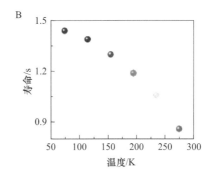

图5-11　GA@SA在77～277K范围内的温度依赖磷光光谱（A）和
温度依赖寿命（B）（Wan et al.，2022）

四、湿度和干燥温度对GA@SA复合材料磷光性能的影响

大部分磷光材料中，水分子可显著地猝灭磷光，其三线态激子对湿度十分敏感，并且由氢键作用而产生的室温磷光对湿度的灵敏度更高，因为聚合物体系吸湿后，

水分子和聚合物基质间能产生更强的氢键作用，破坏了发射团和聚合物基质之间的氢键相互作用，从而导致其间的氢键强度随着湿度的增加而减弱，磷光寿命随之下降。我们研究了环境湿度对GA@SA磷光寿命的影响，如图5-12所示，随着湿度从10%增加到70%，磷光寿命逐渐下降，特别是当湿度达到70%时，磷光寿命迅速下降至324.62ms。随后将湿度处理后的样品放入烘箱，用不同温度烘干，在升温过程中，水分子从气凝胶中逸出，GA和SA之间重新恢复了刚性的氢键网络，其磷光寿命得以重新恢复（图5-13）。如图5-14所示，展示了一个"加湿-烘干"循环的磷光寿命变化。

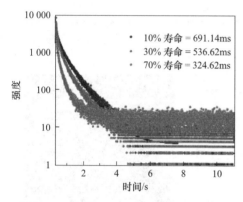

图5-12　GA@SA在不同湿度下的磷光寿命（Wan et al., 2022）

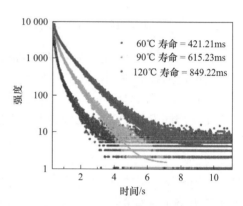

图5-13　GA@SA在不同干燥温度下的磷光寿命（Wan et al., 2022）

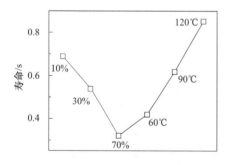

图5-14　GA@SA在加湿和干燥后的寿命变化（Wan et al., 2022）

五、GA@SA复合材料的磷光稳定性

如图5-15所示，将制备的GA@SA粉末分别分散在有机溶剂乙醇（EtOH）、乙腈（CH_3CN）、乙酸乙酯（ethyl acetate）中，正如预期的那样，其余辉RTP并没有被这些溶剂猝灭，并且可以观察到非常强的余辉和长寿命发射，在乙醇、乙腈和乙酸乙酯中的寿命分别约780ms、720ms和710ms，该结果表明GA@SA在有机溶剂中的磷光性能具有良好的稳定性。在不同的pH条件下，对GA@SA的寿命也进行了研究，如图5-15C所示，当GA@SA粉末用pH分别为3和11的水溶液处理一段时间后，取出干燥，磷光寿命分别为约884.25ms和约774.50ms。磷光寿命略微降低可能是因为酸性和碱性环境部分破坏了SA的交联网络。

六、GA@SA复合材料磷光寿命的调节

GA@SA可以通过改变Ca^{2+}的浓度来调节凝胶交联密度，从而调节磷光寿命，如图5-16所示，随着Ca^{2+}的浓度从约0.39%（w/w）增加到7.81%（w/w）时，其寿命从

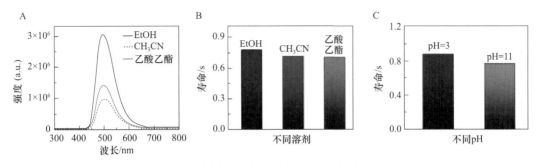

图5-15　GA@SA在不同有机溶剂下的磷光光谱（A）、磷光寿命（B）及
在不同pH下的磷光寿命（C）（Wan et al., 2022）

560.49ms增加到934.74ms，增加Ca^{2+}浓度显著提高了SA基质的交联密度和刚性，使得GA和SA基质之间的氢键作用越来越紧密，最终延长了GA@SA的磷光寿命。Ca^{2+}含量增加到11.7%（w/w）时，其寿命几乎保持稳定，这可能是交联密度达到饱和所导致的结果。GA@SA的磷光寿命与一些已经报道的可持续RTP材料相比，GA@SA表现出更长的寿命，如图5-17所示。

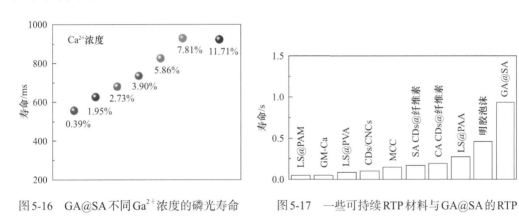

图5-16　GA@SA不同Ga^{2+}浓度的磷光寿命
（Wan et al., 2022）

图5-17　一些可持续RTP材料与GA@SA的RTP
寿命对比（Wan et al., 2022）

七、没食子酸与不同聚合物基质复合的光物理性能

为了说明GA用于制备这类聚合物基长余辉磷光材料的普适性，我们将GA分别嵌入其他三种具有强氢键相互作用的聚合物基质中，即PAA、PAAM和PVA。将其分别命名为GA@PAA、GA@PAAM和GA@PVA。和预期的一样，这三种复合材料在365nm紫外灯照射下都表现出相似的蓝色荧光，在紫外灯关闭后会表现出黄绿色的余辉发射，如图5-18所示。GA在不同的聚合物基质中，由于和基质间的相互作用强度各不相同，在发射光谱和磷光寿命上都有所差异，但是相差不大。三种复合材料的荧光发射波长分别为449、430nm和425nm（图5-18，黑实线），磷光发射波长分别为506nm、494nm和517nm（图5-18，灰实线）。三种复合材料的磷光寿命分别为499.94ms、386.58ms和380.92ms，如图5-19所示。这表明GA可以嵌入广泛的聚合物基质中，以生产可持续的

余辉RTP材料。

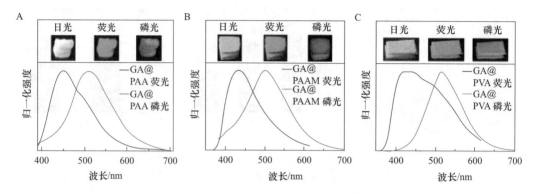

图5-18　GA在不同聚合物下的光谱分析（Wan et al.，2022）

A．GA@PAA在室温下的荧光和磷光光谱，插图：GA@PAA在日光（左）、关闭365nm紫外灯之前（中）和之后（右）的照片。B．GA@PAAM在室温下的荧光和磷光光谱，插图：GA@PAAM在日光（左）、关闭365nm紫外灯之前（中）和之后（右）的照片。C．GA@PVA在室温下的荧光和磷光光谱，插图：GA@PVA在日光（左）、关闭365nm紫外灯之前（中）和之后（右）的照片

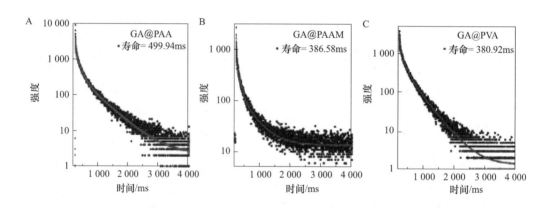

图5-19　GA在不同聚合物下的磷光寿命分析（Wan et al.，2022）

A．GA@PAA在室温条件下的磷光寿命；B．GA@PAAM在室温条件下的磷光寿命；
C．GA@PVA在室温条件下的磷光寿命

八、不同天然多酚与海藻酸钠复合的光物理性能

为了进一步说明多酚限域策略的普适性，验证是否不同的天然多酚掺杂到SA基质中也有类似的磷光发射现象，将另外三种天然多酚咖啡酸（Cafa）、绿原酸（CA）和单宁酸（TA）嵌入交联的SA网络中，分别生成Cafa@SA、CA@SA和TA@SA。作为对照，初步研究了Cafa、CA和TA的光学性质，测试了三种多酚分子的UV-vis和荧光光谱，如图5-20所示，三种多酚的UV-vis光谱具有相似的紫外吸收，均位于200～400nm紫外区域（图5-20，黑实线）。三种多酚的荧光发射峰均位于400～450nm（图5-20，灰实线）。如图5-21所示，三种多酚在紫外光照射下仅表现出蓝色的荧光，当撤去紫外光源后未观察到其具有余辉RTP发射。测试了三种多酚在峰值处的荧光寿命，结果如图5-22所示。

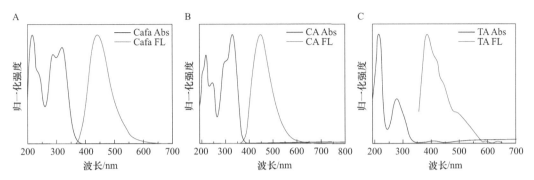

图5-20　不同天然多酚的紫外与荧光归一化处理光谱（Wan et al.，2022）

A．咖啡酸的UV-vis、荧光发射光谱；B．绿原酸的UV-vis、荧光发射光谱；
C．单宁酸的UV-vis、荧光发射光谱

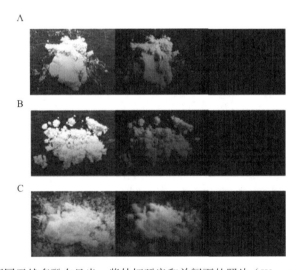

图5-21　不同天然多酚在日光、紫外灯开启和关闭下的照片（Wan et al.，2022）

A．咖啡酸固体粉末在日光（左）、紫外灯开启（中）和紫外灯关闭后（右）的照片；
B．绿原酸固体粉末在日光（左）、紫外灯开启（中）和紫外灯关闭后（右）的照片；
C．单宁酸固体粉末在日光（左）、紫外灯开启（中）和紫外灯关闭后（右）的照片

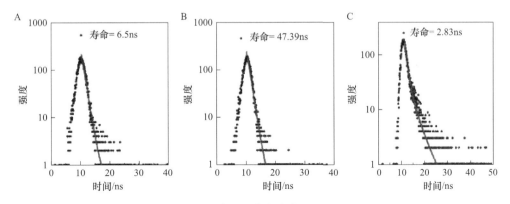

图5-22　不同天然多酚的荧光寿命（Wan et al.，2022）

A．咖啡酸；B．绿原酸；C．单宁酸

　　有意思的是，当Cafa、CA和TA嵌入SA基质中时，形成的Cafa@SA、CA@SA和TA@SA表现出明显的室温磷光发射。如图5-23所示，Cafa@SA、CA@SA和TA@SA的UV-vis吸收光谱都位于紫外区，与相应的天然多酚相似。如图5-24所示，三种复合材料在365nm紫外灯照射下都表现出明显的蓝色荧光，Cafa@SA、CA@SA和TA@SA的荧光发射波长分别约为450nm、457nm和455nm（图5-24，黑实线）。在紫外灯关闭后，Cafa@SA和TA@SA表现出黄绿色的余辉RTP发射，CA@SA表现出黄色的余辉RTP发射，Cafa@SA、CA@SA和TA@SA的磷光发射波长分别为516nm、533nm和500nm（图5-24，灰实线）。由于Cafa、CA、TA和SA基质间的相互作用强度各不相同，在发射光谱和磷光寿命上各有不同。三种复合材料的磷光寿命分别为284.50ms、322.32ms和705.86ms，如图5-25所示。这些现象表明不同的天然多酚化合物都可以嵌入聚合物基质中，以生产可持续的余辉RTP材料，证实了该策略具有普适性。

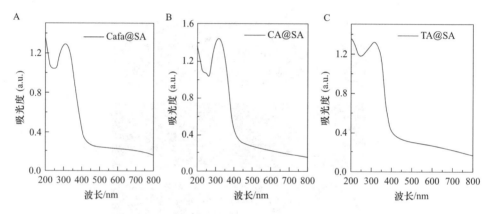

图5-23　不同多酚@SA的UV-vis光谱（Wan et al.，2022）

A. Cafa@SA固体粉末的UV-vis光谱；B. CA@SA固体粉末的UV-vis光谱；
C. TA@SA固体粉末的UV-vis光谱

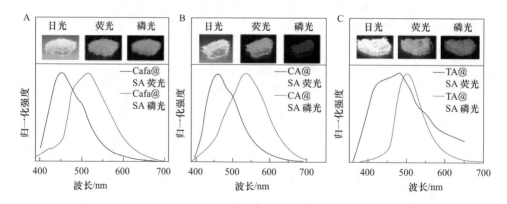

图5-24　不同多酚@SA在室温下的荧光和磷光归一化处理光谱（Wan et al.，2022）

A. Cafa@SA在室温下的荧光和磷光光谱，插图分别是Cafa@SA在明场（左）、关闭365nm紫外灯之前（中）和
之后（右）的照片；B. CA@SA在室温下的荧光和磷光光谱，插图分别是CA@SA在明场（左）、
关闭365nm紫外灯之前（中）和之后（右）的照片；C. TA@SA在室温下的荧光和磷光光谱，
插图分别是TA@SA在明场（左）、关闭365nm紫外灯之前（中）和之后（右）的照片

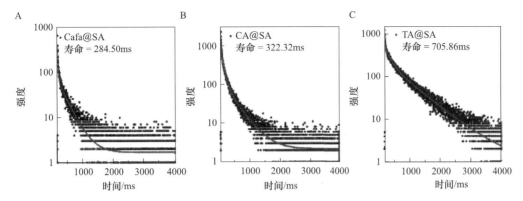

图 5-25　不同多酚@SA 在室温条件下的磷光寿命（Wan et al.，2022）

A．Cafa@SA 在室温条件下的磷光寿命；B．CA@SA 在室温条件下的磷光寿命；
C．TA@SA 在室温条件下的磷光寿命

九、GA@SA复合材料的结构表征与室温磷光机制研究

在扫描电子显微镜（SEM）下观察 GA@SA 气凝胶的形貌，如图 5-26 所示。结果显示 GA@SA 气凝胶呈三维的多孔结构，许多孔隙形成蜂窝状。为了分析 GA@SA 的化学结构和官能团，通过 FT-IR 和 XPS 对其化学结构和官能团进行表征。如图 5-27 所示，在 3463cm^{-1} 左右的吸收峰，归属于—OH 的伸缩振动；在 1627cm^{-1} 左右的特征吸收，对应于羧基的 C＝O 的伸缩振动和苯环骨架振动；在 1438cm^{-1} 处的特征吸收，源自羧基 C—O 的伸缩振动及苯环骨架振动；1030cm^{-1} 处的吸收峰对应于糖苷键 C—O—C；1006cm^{-1} 处的吸收峰对应于醇羟基的 C—O。

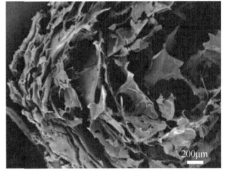

图 5-26　GA@SA 的扫描电镜图片
（Wan et al.，2022）

GA@SA 的 X 射线光电子能谱显示，GA@SA 主要表现出五个特征峰，分别归属于 Na1s、O1s、Ca2p、C1s 和 Cl2p（图 5-28）。计算得出 GA@SA 中氧碳比（O/C）为 0.42。对 C1s 和 O1s 高分辨能谱经过分峰拟合后，C1s 拟合出四个峰，如图 5-29A 所示，分别约为 288.7eV、287.9eV、286.5eV 和 284.8eV，分别对应于 O—C＝O（288.7eV）、C＝O（287.9eV）、C—O（286.5eV）和 C—C/C＝C（284.8eV）。另外，GA@SA 的 O1s 拟合出四个峰，如图 5-29B 所示，分别约为 531.4eV、532.2eV、533.1eV 和 535.5eV，分别对应于 C＝O（531.4eV）、O—H（532.2eV）、C—O（533.1eV）和 Na KLL（535.5eV）。

为了更好地理解长余辉 RTP 发射的机制，对 GA@SA 进行了理论模拟计算。模拟结果表明，GA 倾向于与 SA 链形成多重氢键，特别是 GA 的羧基部分容易形成分子间氢键，如图 5-30 所示。这种在构象上受限的羧基基团更加有利于自旋轨道耦合和室温磷光的发射。这一结果也得到了对照实验证实，在对照组中，焦性没食子酸（PA）相对于没食

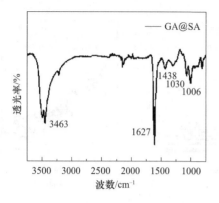

图 5-27　GA@SA 的 FT-IR 光谱
（Wan et al.，2022）

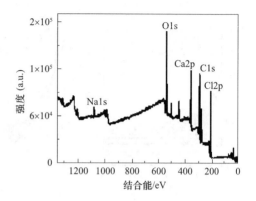

图 5-28　GA@SA 的 XPS 全谱图
（Wan et al.，2022）

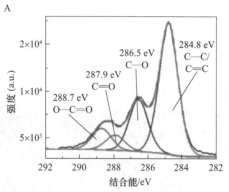

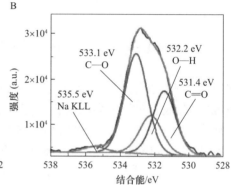

图 5-29　GA@SA 的 C1s 高分辨能谱（A）和
GA@SA 的 O1s 高分辨能谱（B）（Wan et al.，2022）

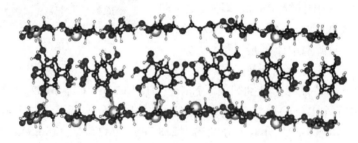

图 5-30　GA 和 SA 分子间相互作用的示意图（Wan et al.，2022）

子酸缺少一个羧基，我们将 PA 限制在交联的 SA 基质中，按照同样的方法制备出 PA@ SA，测试了其室温磷光光谱和磷光寿命，磷光发射波长约为 545nm（图 5-31A），仅表现出大约 267.39ms 的短寿命余辉发射（图 5-31B）。此外，GA@SA 的模拟结果表明，大约 37% 的相邻 GA 分子间的平均中心距离小于 0.4nm（统计的芳香单元总数为 36 个），这使得在磷光体的层间形成强烈 π-π 相互作用（图 5-32）。两个相邻 GA 的相对取向范围为 60°～100°，最佳角度约为 90°，该结果表明 GA@SA 中 GA 形成了 H 型二聚体。这类二

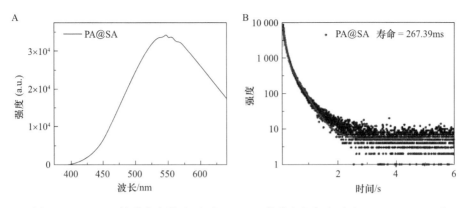

图5-31　PA@SA的磷光光谱（A）和PA@SA的磷光寿命（B）（Wan et al.，2022）

聚体可以帮助稳定第一激发三重态，同时延长室温磷光寿命（图5-33）。随后，通过计算得到了GA和GA二聚体的激发态能量、自旋轨道耦合（ξ）和轨道（图5-34）。值得注意的是，GA二聚体的自旋轨道耦合ξ（S_1，T_n）为0.92cm^{-1}、0.53cm^{-1}和0.83cm^{-1}（$n=1$，2，3）（图5-34A），GA单体的自旋轨道耦合ξ（S_1，T_n）为0.03cm^{-1}、0.02cm^{-1}和0.02cm^{-1}（$n=1$，2，3）（图5-34B），GA二聚体的ξ（S_1，T_n）远大于GA单体的ξ（S_1，T_n），这些现象都有利于室温磷光的发射。与此同时，在GA@SA中加入尿素作为氢键破坏剂，以减少GA和SA之间的相互作用，我们将不同浓度的尿素加入GA@SA中，GA@SA的寿命随尿素的浓度增加而逐渐降低，尿素含量从3.8%增加到37.5%时，GA@SA的磷光寿命从约742.56ms减少到354.13ms（图5-35）。

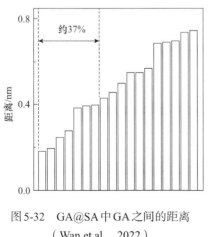

图5-32　GA@SA中GA之间的距离
（Wan et al.，2022）

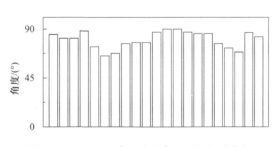

图5-33　GA@SA中两个相邻GA的相对取向
（Wan et al.，2022）

综上所述，GA@SA的长余辉RTP发射机制主要是由于GA嵌入交联的SA基质中形成分子间氢键作用，羰基基团的振动受到限制及GA形成了H型聚集体。这些因素共同促进了自旋轨道耦合，稳定了三线态激子，从而增强了GA@SA的长寿命余辉RTP发射。

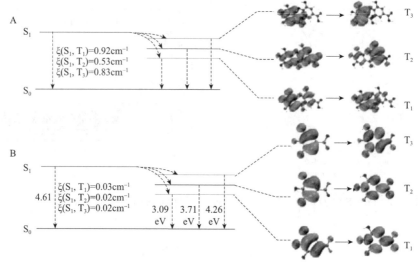

图5-34　GA二聚体（A）和GA单体（B）的激发能、
自旋轨道耦合（ξ）和轨道（Wan et al.，2022）

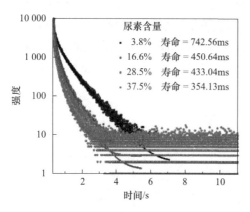

图5-35　加入尿素后GA@SA的寿命
（Wan et al.，2022）

十、GA@SA复合材料的应用

　　由于GA@SA中的所有成分都是天然无毒性的，且具有良好的生物相容性，我们探索了GA@SA在开发服装的防伪标签中的实际用途。为此，GA@SA被用于制备柔性的余辉RTP纤维。如图5-36所示，我们设计了一种用于制备余辉纤维的自动化装置，该装置由浸涂槽、收集辊装置和加热板组成。棉纤维通过填充有SA和GA溶液的浸涂槽后进行收集，然后通过Ca^{2+}原位交联，最后用加热板加热。

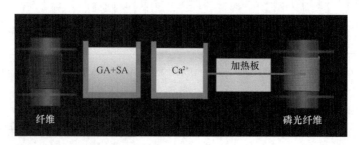

图5-36　使用自制的设备制备余辉纤维的示意图（Wan et al.，2022）

　　随后，在120℃下进一步干燥1h后得到余辉纤维，如图5-37所示。所制备的余辉纤维表现出良好的稳定性，分别在乙醇（EtOH）、乙腈（CH₃CN）、乙酸乙酯（ethyl acetate）、正己烷（n-hexane）、丙酮（acetone）中浸泡1h后，其余辉室温磷光发射保持不变（图5-38）。

图5-37 余辉纤维在明场下的照片
（Wan et al.，2022）
比例尺为2cm

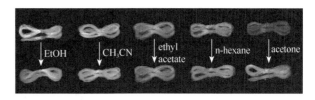

图5-38 余辉纤维在浸泡有机溶剂之前的磷光照片（上）和浸泡有机溶剂1h后在120℃下干燥0.5h的磷光照片（下）
（Wan et al.，2022）

鉴于其优异的稳定性，我们随后使用余辉纤维和由GA制成的荧光纤维，用商用机器在服装上绣出了一个具有时间分辨的标识。在365nm紫外灯的激发下，一只白蓝色的蝴蝶变得清晰可见，当紫外灯关闭时，荧光纤维制成的刺绣立刻变得不可见，因为它不具备余辉RTP发射性能。然而，肉眼可以清楚地看到由余辉纤维发出的余辉室温磷光，如图5-39所示。这表明所制备的GA@SA具有应用于服装防伪标识的巨大潜力。

图5-39 刺绣在服装上的蝴蝶标识在明场、紫外灯照射下和关闭紫外灯后的照片
（蝴蝶左部分为GA@SA，右部分为GA）（Wan et al.，2022）

第三节 基于木质素氧化的室温磷光材料制备与研究

一、基于木质素氧化的室温磷光材料制备

用过氧化氢（H₂O₂）氧化木质素磺酸钠，同时生成芳香族的发色团和脂肪酸。木质素的G单元和S单元被氧化生成G酸发色团和S酸发色团，这些芳香酸通过与充当基质的脂肪酸（木质素氧化后的另一种产物）形成强烈的氢键被脂肪酸原位固定，生成的氧化木质素（OL）表现出高效的RTP发射，如图5-40所示（Wan et al.，2022）。

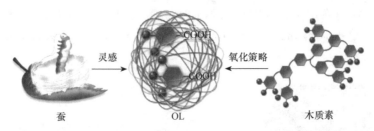

图5-40　利用蚕启发的氧化策略从木质素中制备RTP材料的示意图（Wan et al., 2022）

二、木质素磺酸钠的光物理性能

木质素是植物细胞壁荧光的主要来源，是一种天然的高分子荧光材料，我们测试了木质素磺酸钠（LS）基本的光学性质，如图5-41所示。在LS的UV-vis光谱中，200nm和280nm处表现出两个主要的吸收带（图5-41A，黑实线），200nm处的吸收峰称为E吸收带，主要源自封闭共轭体系中（如苯环）的π-π*跃迁，280nm处的吸收峰称为R吸收带，是由C═O的n-π*跃迁引起的吸收。LS的荧光激发光谱在353nm有一个峰，落在其UV-vis光谱300～400nm范围内（图5-41A，灰实线）。LS的荧光发射峰在457nm处（图5-41A，黑虚线）。接着测试了其不同激发波长下的荧光发射光谱，如图5-41B所示，在不同波长的激发下，其荧光光谱表现出典型的激发波长依赖性，荧光发射峰从434nm逐渐红移到520nm，且最大发射强度呈先增后减的趋势。该结果表明木质素中可能存在多个发射团。

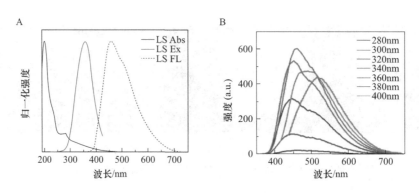

图5-41　LS的UV-vis光谱、荧光激发光谱、荧光发射光谱（A）和
280～400nm激发下LS的荧光发射光谱（B）（Wan et al., 2022）

同时，LS固体粉末在室温条件下用紫外灯激发后仅表现出黄色荧光，紫外灯关闭后未观察到其具有RTP发射，如图5-42所示。其在415nm处的荧光寿命为3.43ns，如

图5-42　LS在日光（左）、紫外灯开启（中）和紫外灯关闭后（右）的照片（Wan et al., 2022）

图5-43所示。

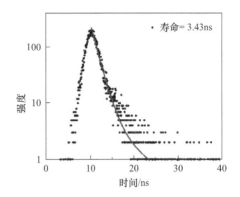

图5-43　LS的荧光寿命（Wan et al., 2022）

三、氧化木质素的光物理性能

如图5-44所示，室温环境下，在365nm的紫外光激发下，OL粉末表现出明显的蓝色荧光，其荧光发射波长在466nm附近（图5-44A，黑实线）。正如预期的那样，在关闭紫外光源后，观察到明显的黄绿色RTP发射。磷光光谱显示，其发射波长在525nm（图5-44A，灰实线）。测试了OL粉末在525nm处的室温磷光寿命为408.58ms，如图5-44B所示，证明OL具有RTP发射属性。同时，如图5-44C所示，拍摄了OL粉末在室温条件下关闭紫外光源前后随时间的变化过程，其余辉发射时间长达约4s。在不同的激发波长激发下，如图5-45A所示，OL的荧光光谱和激发-磷光映射光谱均表现出明显的激发波长依赖性，随着激发波长从300nm变化到420nm，荧光发射从442nm红移到509nm（图5-45A），激发波长从275nm变化到400nm，OL的磷光发射波长从460nm红移到550nm（图5-45B），这表明OL中存在多个发色团，它

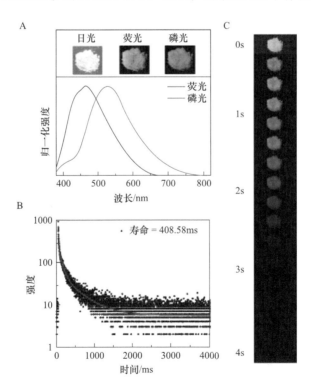

图5-44　OL的光物理性能研究（Wan et al., 2022）

A. OL的荧光和RTP发射光谱，激发波长为365nm，插图：OL在日光、365nm紫外灯激发后的荧光和RTP发射图片；
B. OL的磷光寿命；C. 室温条件下关闭365nm紫外灯之前（第一行）和之后（后续行）
在不同时间间隔拍摄的OL照片

们具有不同的能级和有效的共轭长度，从而随着激发波长的变化产生不同的余辉。OL
的UV-vis吸收光谱（图5-46）显示，其UV-vis吸收峰位于200～400nm紫外区域，与LS
类似。

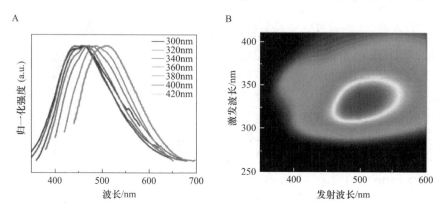

图5-45　OL在300～420nm激发下的荧光发射光谱（A）和
室温条件下OL的激发-磷光映射光谱（B）（Wan et al.，2022）

在室温条件下，时间分辨发射光谱表明OL具有持久稳定的余辉发射，其发射波长
集中在525nm，随着时间的延迟，磷光光谱的分布保持稳定并在相同发射波长下保持弱
磷光发射长达约800ms，如图5-47所示。为了进一步证明其磷光性质，探究温度对OL
的影响，我们测试了其在不同温度下的磷光发射光谱和磷光寿命，随着温度从78K增加
到278K，OL的磷光发射强度不断下降（图5-48A），其磷光寿命（t）也表现出同样的
变化趋势（图5-48B）。这归因于在温度升高的同时，发射中心剧烈地转动和振动，导
致非辐射跃迁增强，磷光发射强度和寿命降低。

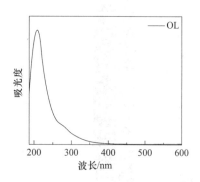

图5-46　OL的UV-vis吸收光谱
（Wan et al.，2022）

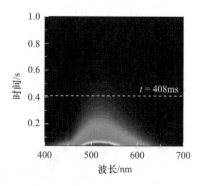

图5-47　室温条件下OL的时间分辨
发射光谱（Wan et al.，2022）

四、湿度和干燥温度对氧化木质素磷光性能的影响

大多数磷光材料中，其三线态激子对湿度十分敏感，水分子可有效地猝灭磷光，并
且由氢键作用导致的室温磷光对湿度的灵敏度更为显著，因为磷光体系吸湿后，水分子

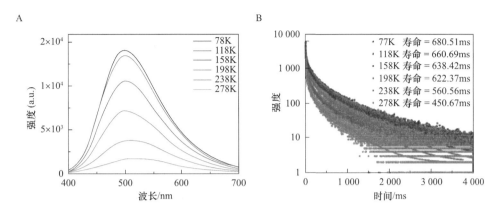

图5-48　OL在78～278K范围内的温度依赖磷光光谱（A）和
温度依赖磷光寿命（B）（Wan et al., 2022）

和基质间能产生更强的氢键作用，破坏了发色团和基质之间的氢键作用，从而导致其间的氢键强度随着湿度的增加而减弱，磷光发射强度和寿命极度下降。在此，研究了环境湿度对OL磷光性能的影响，随着环境湿度从10%增加到70%，磷光发射强度逐渐下降（图5-49A），磷光寿命从408.12ms降低到102.45ms（图5-49B），特别是当湿度达到70%时，磷光发射光谱和寿命迅速下降。随后将湿度处理后的样品放入烘箱，用不同干燥温度进行烘干，在升温过程中，水分子从体系中逸出，芳香族发色团和充当基质的脂肪酸之间重新恢复了刚性的氢键相互作用，其磷光性能重新恢复，磷光发射强度和寿命逐步增强（图5-50）。如图5-51A所示，展示了在一个"加湿-烘干"循环下的OL磷光寿命变化。循环了三次"加湿-烘干"试验，来验证湿度和干燥温度对OL室温磷光的影响和其室温磷光稳定性，结果表明经三次"加湿-烘干"处理后的磷光寿命保持稳定，如图5-51B所示。此外，OL还表现出机械响应的RTP性质，当外部压力从0MPa增加到60MPa时，其室温磷光寿命从408.58ms降低到248.37ms（图5-52）。这是因为机械力可以破坏分子间氢键作用从而导致磷光寿命降低。

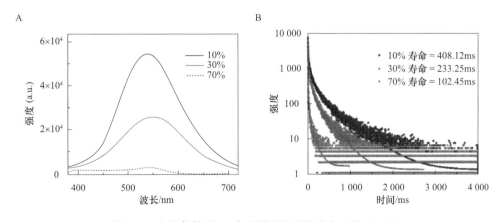

图5-49　室温条件下OL在不同湿度下的磷光光谱（A）和
磷光寿命（B）（Wan et al., 2022）

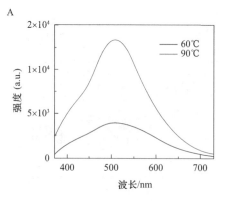 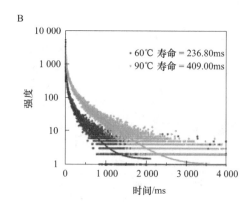

图5-50　室温条件下OL在不同干燥温度后的磷光光谱（A）和
磷光寿命（B）（Wan et al.，2022）

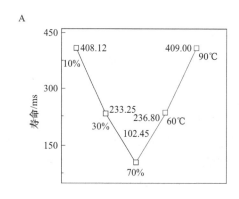 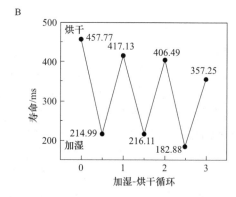

图5-51　OL在加湿与烘干后的寿命变化（A）和
加湿（30%）与烘干（120℃）循环处理下OL的磷光寿命（B）（Wan et al.，2022）

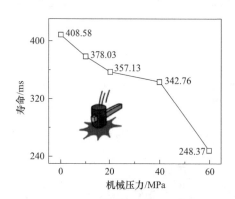

图5-52　室温条件下OL在不同机械力
处理后的磷光寿命（Wan et al.，2022）

五、氧化木质素的磷光稳定性

如图5-53所示，将制备的OL粉末分别分散在有机溶剂二氯甲烷（DCM）、乙醇（EtOH）和乙腈（CH₃CN）中。结果表明，其磷光发射并没有被这些溶剂所猝灭，并且可以观察到非常强的余辉发射和长寿命，在DCM、EtOH和CH₃CN中的寿命分别约为489.34ms、516.55ms和519.84ms。

六、氧化碱木质素的光物理性质

同样的，如图5-54所示，碱木质素（AL）固体粉末在室温条件下用紫外灯激发后仅表现出黄色荧光，紫外灯关闭后未观察到其具有RTP发射。

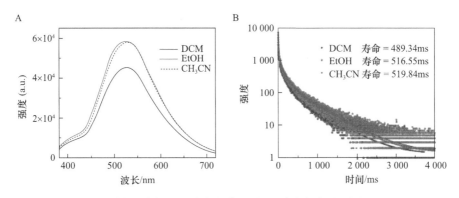

图5-53　OL在不同有机溶剂下的磷光光谱（A）和磷光寿命（B）（Wan et al.，2022）

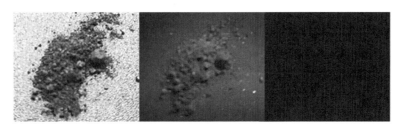

图5-54　AL固体粉末在日光（左）、紫外灯开启（中）、紫外灯关闭后（右）的照片（Wan et al.，2022）

按照同样的反应条件将AL一步氧化为氧化碱木质素（OAL），首先测试了其在不同的激发波长激发下的荧光光谱，如图5-55A所示，OAL的荧光光谱表现出明显的激发波长依赖性，随着激发波长从300nm变化到400nm，荧光发射从408nm红移到503nm，这表明OAL同样存在多个发色团。在室温条件下，用365nm的紫外灯激发，OAL粉末表现出明显的蓝色荧光，其荧光发射波长在434nm附近（图5-55B，黑实线）。正如预期的那样，在关闭紫外光源后，观察到明显的超长黄绿色余辉发射。磷光光谱显示，其

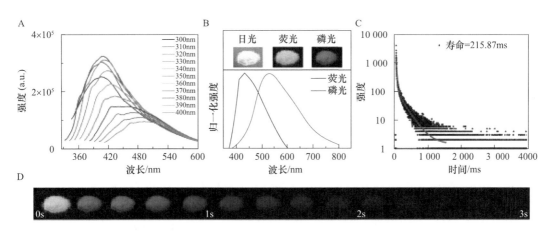

图5-55　OAL的光物理性能研究（Wan et al.，2022）

A. OAL在300~400nm激发下的荧光发射光谱；B. OAL的荧光和RTP发射光谱，激发波长为365 nm，
插图：OAL在日光（左）、365nm紫外灯激发后的荧光（中）和RTP发射图片（右）；C. OAL的磷光寿命；

D. 室温条件下关闭365 nm紫外灯之前（第一列）和之后（后续列）在不同时间间隔拍摄的OAL照片

发射波长在528nm（图5-55B，灰实线）。测试了OAL粉末在528nm处的RTP寿命，为215.87ms，如图5-55C所示，证明了OAL具有典型的磷光发射属性。同时，如图5-55D所示，拍摄了OAL粉末在室温条件下关闭紫外光源前后随时间的变化过程，其余辉发射时间长达约3s。

七、氧化木质素的结构表征及室温磷光机制研究

为了分析木质素在氧化前后化学结构和官能团的变化，通过FT-IR、XPS、二维核磁和高分辨质谱对LS和OL的化学结构和官能团进行表征。

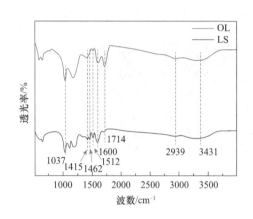

图5-56　LS和OL的FT-IR光谱
（Wan et al.，2022）

如图5-56所示，在3431cm^{-1}处具有较宽的吸收峰，归因于酚类和脂肪族结构中羟基的伸缩振动峰；集中在2939cm^{-1}左右的吸收峰，主要是对应于甲基和亚甲基中的C—H拉伸振动；在1714cm^{-1}处的吸收峰，源自C＝O/O—C＝O的拉伸振动。相对于LS，氧化生成的OL在1714cm^{-1}处的拉伸振动的峰强度明显高于LS，证明氧化后OL生成了许多酸类物质；在1600cm^{-1}处、1512cm^{-1}处和1415cm^{-1}处的吸收峰对应于芳香族骨架振动，相对于LS，OL中芳香族骨架振动产生的吸收峰减弱，这是因为木质素中部分芳香环结构发生开环反应形成了小分子脂肪酸；在1462cm^{-1}处的吸收峰对应于伴随着芳香族骨架振动的C—H形变；在1037cm^{-1}处的吸收峰，可归因于S＝O的拉伸振动。

为了进一步理解LS经氧化后其化学结构的变化，我们对LS和OL进行了X射线光电子能谱表征。如图5-57所示，LS和OL主要表现出四个特征峰，分别归属于Na1s、O1s、C1s和S2p。计算得出LS中氧碳比（O/C）为0.58，OL中氧碳比（O/C）为0.93，这表明OL中氧原子含量比例更高，O/C增加的原因可能是由木质素被氧化后O—H和O—C＝O基团的增加导致的。高分辨能谱经过分峰拟合后，LS（和OL）的C1s表现出五个峰，如图5-58A和C所示，分别约为288.7eV、287.5eV、286.3eV、284.9eV、284.4eV，分别对应于O—C＝O（288.7eV）、C＝O（287.5eV）、C—O（286.3eV）、C—C/C＝C（284.9eV）、C—S（284.4eV）。通过对比发现氧化后的OL中O—C＝O峰面积增加，明显大于LS中O—C＝O峰面积。另外，LS（和OL）的O1s均表现出四个峰，如图5-58B和D所示，分别约为531.5eV、532.2eV、533.0eV、535.0eV，分别对应于C＝O/S—O（531.5eV）、O—H（532.2eV）、C—O（533.0eV）、Na KLL（535.0eV），氧化后的OL中O—H峰面积增加，明显大于LS中O—H峰面积，这些结果同样证实了氧化后OL产生了更多的羟基和羧基基团，与FT-IR分析结果一致，从而有利于形成更强烈的分子间氢键作用，有利于室温磷光的发射。

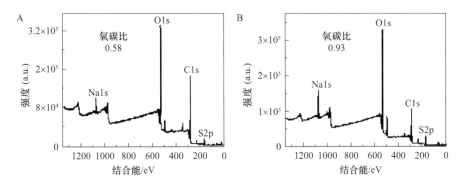

图5-57　LS（A）和OL（B）的XPS全谱图（Wan et al.，2022）

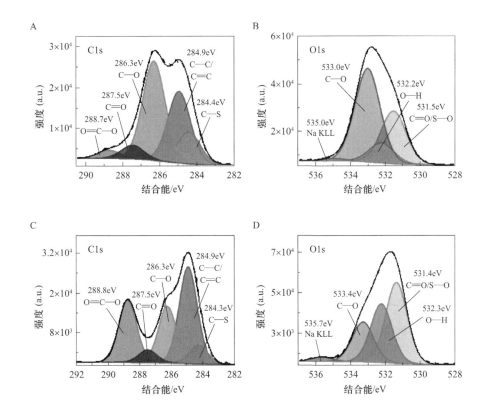

图5-58　LS和OL的不同元素的高分辨能谱（Wan et al.，2022）

A. LS的C1s高分辨能谱；B. LS的O1s高分辨能谱；C. OL的C1s高分辨能谱；D. OL的O1s高分辨能谱

为了进一步得到木质素氧化前后的结构信息，我们测试了LS和OL的二维核磁光谱并进行分析，LS和OL的苯环部分［$\delta C/\delta H$为（100～140）/（6～8）］和侧链部分［$\delta C/\delta H$为（50～90）/（2.5～6.0）］如图5-59所示。

二维核磁光谱显示，LS在芳香区［$\delta C/\delta H$为（100～140）/（6～8）］主要由G单元和S单元组成，G单元和S单元的比例为10∶90，如图5-59A所示。LS在侧链区［$\delta C/\delta H$为（50～90）/（2.5～6.0）］也显示出丰富的信号，这些信号体现了LS各结构单元之间的连接方式，包括Aγ（β-O-4′醚键结构）、Bγ（β-5′和α-O-4′结构）和Cγ（β-β′、α-O-γ′和γ-O-α′结构），如图5-59C所示。LS中结构单元及其之间的主要连接键型如图5-60所示。氧化后，OL在芳香区［δC/δH为（100～140）/（6～8）］的大部分信号消失，并且在6.6ppm和134ppm处观察到了愈创木基酸类（G酸）和紫丁香基酸类（S酸）物质的信号，这分别是愈创木基单元和紫丁香基单元的氧化产物，如图5-59B所示。与此同时，OL在侧链区［δC/δH为（50～90）/（2.5～6.0）］显示出许多新信号，如图5-59D所示，这可能归因于脂肪酸的产生。

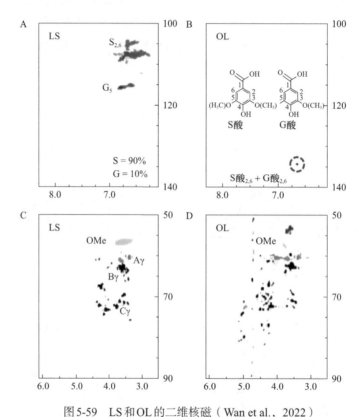

图5-59　LS和OL的二维核磁（Wan et al.，2022）

A．LS在芳香区的二维核磁；B．OL在芳香区的二维核磁；C．LS在脂肪区的二维核磁；
D．OL在脂肪区的二维核磁

采用质谱分析法（mass spectrometry，MS）来获得目标物质量数信息，质谱分析法是将样品离子化后，通过质量分析器测定样品的分子离子及碎片的质量数，最终确定样品的分子量或分子结构的方法。目标化合物的分子被不同电离方式离子化后，如高能电子轰击等，样品分子失去电子或被打碎，变为带正电荷的分子离子和碎片离子，按照质量m和电荷z的比值大小，即质荷比大小依次排列而被记录下来的谱图，称为质谱图。高分辨质谱分析是利用高分辨质谱仪对样品进行分析鉴定的技术。相对于一般的质谱分析，高分辨质谱分析（HRMS）可以对化合物的分子量实现更准确的鉴定。为了进一步验证氧化生成的OL中存在的结构，对OL样品进行了HRMS表征分析，如图5-61所示。正如预期的那样，HRMS结果显示OL中含有G酸和S酸，分别结合了一个硫酸氢根，

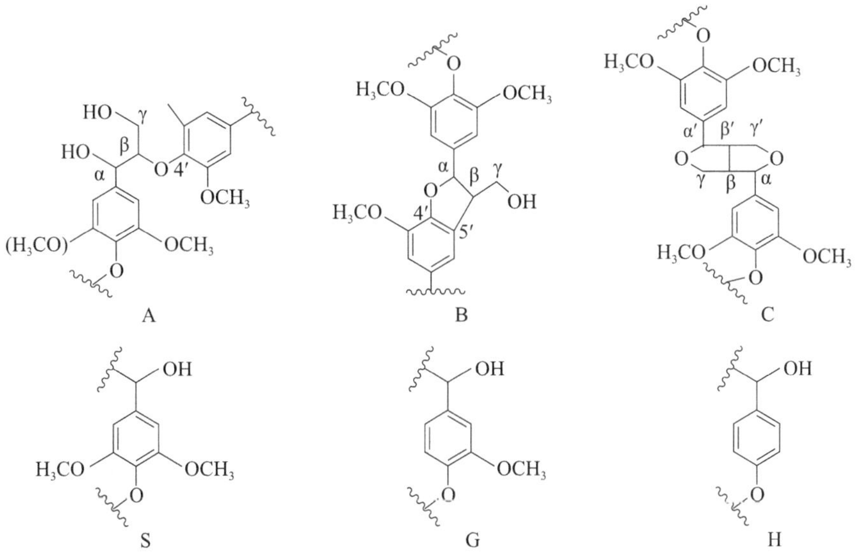

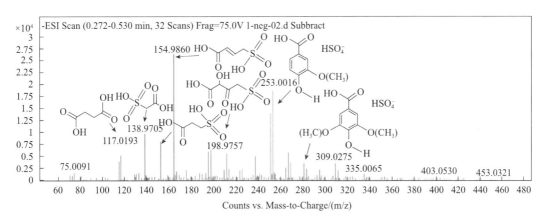

图 5-60　LS 主要连接键型及结构单元（Wan et al.，2022）

A. β-O-4' 醚键结构；B. 苯基香豆满结构，由 β-5′ 和 α-O-4′ 连接而成；
C. 树脂醇结构，由 β-β′、α-O-γ′ 和 γ-O-α′连接而成；S. 紫丁香基单元；G. 愈创木基单元；H. 对羟基苯基单元

同时还存在一些脂肪族羧酸和磺酸基脂肪酸，包括琥珀酸、磺基乙酸、磺基丙酸和反式磺基丁烯酸等。这与 OL 二维核磁表征结果一致，进一步证明了 OL 的二维核磁图谱中的侧链区［δC/δH 为（50～90）/（2.5～6.0）］信号为各种脂肪酸。

图 5-61　OL 的高分辨质谱（Wan et al.，2022）

上述所有结果都表明 OL 含有芳香酸和脂肪酸，为了更深入地探究氧化生成的 OL 表现出室温磷光发射的机制，对其进行了理论模拟计算。如图 5-62 所示，以香草酸作为芳香酸的模型化合物，琥珀酸作为脂肪酸的模型化合物进行计算，理论模拟结果进一步表明芳香酸通过 OL 中丰富的氢键被脂肪酸固定（图 5-62A）；理论模拟还表明，芳香酸的羰基部分形成了大量分子间氢键（图 5-62B），氢键网络构成刚性的环境充分限制了分子的振动，从而抑制香草酸的非辐射跃迁，有利于增加自旋轨道耦合，并且羰基提供了大量的 n 轨道，有效地促进单线态到三线态的 ISC 过程，这些协同作用共同促

进了OL的室温磷光发射。此外，结果表明，芳香酸相邻分子间的平均中心距离约为0.37nm，有利于促进芳香酸之间形成强烈的π-π相互作用，如图5-63所示。相邻的两个模型化合物的相对取向（θ）主要集中在60°～100°范围内，最佳取向角度为95°，这表明它们之间形成了H型二聚体（图5-64）。这类H型二聚体可以很好地稳定第一激发三重态，延长室温磷光寿命。此外，计算结果证明H型二聚体的自旋轨道耦合ξ（S_1，T_n）大于单体分子，有利于室温磷光的产生（图5-65）。与此同时，尿素是一种破坏氢键并减弱芳香酸和脂肪酸之间相互作用力的试剂，将不同浓度的尿素加入OL中，OL的磷光寿命随尿素浓度的增加而迅速降低，尿素含量增加到28%时，寿命立刻减少到212.96ms（图5-66）。

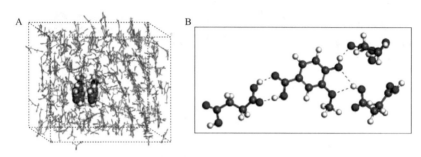

图5-62 OL中模型芳香酸与脂肪酸分子相互作用的模拟（Wan et al., 2022）

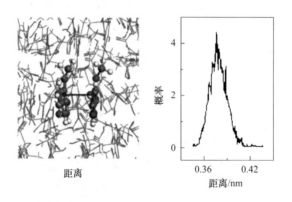

距离

图5-63 OL中相邻芳香分子间的中心距离（Wan et al., 2022）

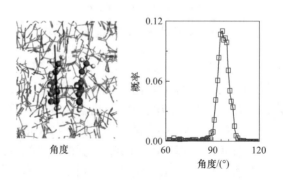

角度

图5-64 OL中两个相邻芳香模型化合物的相对取向（Wan et al., 2022）

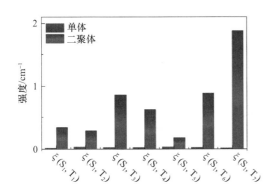

图 5-65　香草酸二聚体和香草酸单体的自旋轨道
耦合 ξ（S_1，T_n）（Wan et al.，2022）

$n = 1，2，3，4，5，6，7$

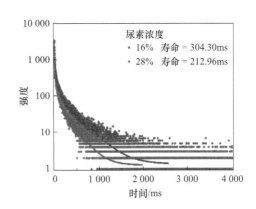

图 5-66　添加尿素后 OL 的室温磷光寿命
（Wan et al.，2022）

激发波长为 365nm

基于以上所有研究的基础，我们提出了氧化木质素产生长余辉室温磷光的可靠机制：首先，通过 H_2O_2 氧化木质素产生芳香酸和脂肪酸；然后，芳香酸通过形成氢键被脂肪酸固定；最后，这种固定效应导致羰基基团的振动受到限制，同时形成 H 型二聚体，最终促进了自旋轨道耦合，导致室温磷光的发射。

第四节　基于外部重原子激活木材磷光材料的制备与研究

一、基于外部重原子激活木材磷光材料的制备

在室温下将天然木材浸入氯化镁（$MgCl_2$）水溶液中，生成含有氯离子的磷光木材（C-wood）。如图 5-67 所示，在氯离子的作用下，可以促进自旋轨道耦合（SOC）并增加木材的 RTP 寿命。以这种方式生产的 C-wood 表现出强烈的 RTP 发射，寿命约为 297ms（而天然木材的寿命约为 17.5ms）。

二、C-wood 的光物理性能

木材作为一种可再生资源，已经被报道具有磷光发射性质（Zhai et al.，2023）。木材的主要结构由纤维素、半纤维素和木质素组成，木质素作为发色团限制在纤维素与半纤维基质中，从而可以在室温下发生磷光。我们测试了天然木材的荧光与磷光光谱（图 5-68），在木材的荧光光谱中，荧光发射峰位置在 475nm，主要为木质素的荧光发射峰。在木材的磷光光谱中，磷光发射峰位置在 555nm，表现出微弱的绿色磷光发射。

如图 5-69 所示，室温环境下，在 365nm 的紫外光激发下，C-wood 表现出明显的磷光发射，荧光发射中心在 465nm（图 5-69，黑实线），磷光发射中心在 545nm（图 5-69，灰实线）。如图 5-70 所示，相比于天然木材，C-wood 的磷光发射强度提升了 20 倍；磷光寿命为 297ms，相比于天然木材提高了约 17 倍。

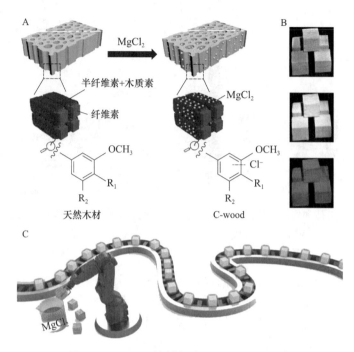

图 5-67　C-wood 的制备（Zhai et al.，2023）

A．天然椴木制备室温磷光 C-wood 的示意图；B．C-wood 在明场（上）、紫外灯照射（中）、关闭紫外灯后（下）的照片，
关闭紫外灯后 120ms 获得余辉图像；C．将天然木材转化为余辉材料的自动生产线的示意图

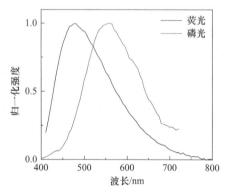

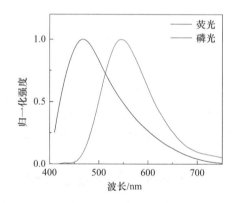

图 5-68　天然木材（椴木）的荧光与磷光　　　图 5-69　室温下用 1 mol/L MgCl₂ 水溶液处理所得
归一化处理光谱（Zhai et al.，2023）　　　　　C-wood 的荧光和磷光光谱（Zhai et al.，2023）

　　为了验证外部重原子激活木材磷光策略的可重复性，在室温下测试了 5 组 1mol/L MgCl₂ 处理椴木的磷光寿命，每组进行 5 次平行测试，如图 5-71 所示，使用 1mol/L MgCl₂ 处理的椴木表现出 260～340ms 不等的寿命，这是因为木材中各部分的孔道结构和木质素含量，以及木材早材晚材的生长密度不同。

　　在室温条件下，时间分辨发射光谱表明 C-wood 具有持久而稳定的余辉磷光发射特征，其发射波长集中在 545nm，随着时间的延迟，磷光光谱的分布保持稳定并在相同发射波长下保持弱磷光发射长达约 1100ms（图 5-72）。

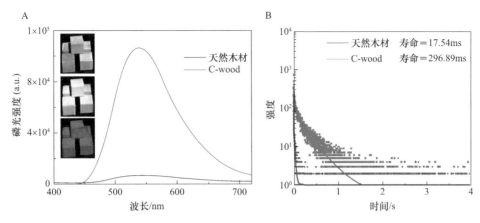

图5-70　C-wood与天然木材在室温下的磷光光谱（A）和
C-wood与天然木材的寿命衰减曲线（B）（Zhai et al., 2023）

A图为关闭紫外灯后120ms获得的余辉图像，插图为C-wood在明场（上）、紫外灯照射（中）、关
闭紫外灯后（下）的照片；B图激发波长＝365nm

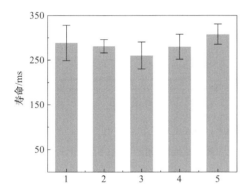

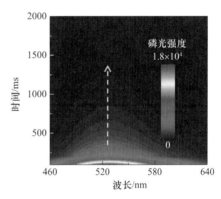

图5-71　C-wood的磷光寿命（误差棒表示5次
单独测量的标准偏差）（Zhai et al., 2023）

图5-72　室温条件下C-wood的时间分辨发射
光谱（Zhai et al., 2023）

　　为了进一步证明氯化镁对木材磷光的作用，研究了不同浓度氯化镁对木材的影响。测试了木材在不同氯化镁浓度下的磷光寿命衰减曲线，如图5-73所示，随着氯化镁浓度从0增至2mol/L，C-wood的磷光寿命不断上升。这归因于在氯化镁浓度增加的同时，氯离子与木材之间的相互作用不断增强，促进了自旋轨道耦合（SOC）作用。因此，C-wood的寿命可以通过改变处理天然木材的$MgCl_2$溶液的浓度来调节。当使用2mol/L $MgCl_2$时，C-wood的寿命可以增加到约364ms。

　　基于此，以类似的氯盐来处理的天然木材，如图5-74所示，用等效的氯化物阴离子浓度（包括$ZnCl_2$、$BaCl_2$、$AlCl_3$、NaCl、KCl、$SrCl_2$、$MgCl_2$和$CaCl_2$），在等效的Cl^-浓度下以不同的单价、二价或三价氯离子盐（2mol/L）处理椴木，也表现出了磷光寿命的增强。

　　为了排除这些溶液的pH对木材磷光寿命的影响，使用酸（CH_3COOH）或碱（$NH_3 \cdot H_2O$）来调节pH处理天然木材，结果发现处理的木材没有显示出增强的RTP寿命（图5-75）。

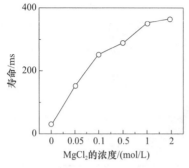

图5-73 不同浓度氯化镁处理C-wood的
磷光寿命（Zhai et al.，2023）

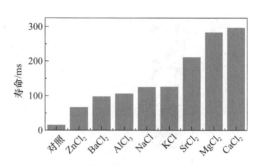

图5-74 不同氯盐配制C-wood的磷光寿命
（Zhai et al.，2023）

氯离子的浓度均为2mol/L

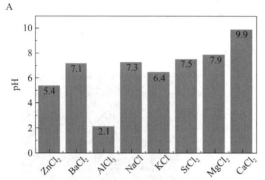

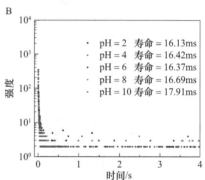

图5-75 水溶液中不同种类盐对应的pH（2mol/L Cl⁻）（A）和
不同pH处理天然木材的RTP衰减曲线（B）（Zhai et al.，2023）

之后用Mg (NO₃)₂和MgSO₄处理椴木来制备样品。如图5-76所示，用Mg (NO₃)₂
（N-wood）和MgSO₄（S-wood）处理的椴木表现出非常弱的磷光发射和较短的寿命（分
别为4.9ms和36.6ms）。其中N-wood的寿命降低主要是因为NO₃⁻的猝灭作用。因此，可
以得出结论，Cl⁻在增强木材的磷光寿命方面起着决定性的作用。

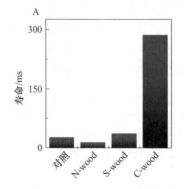

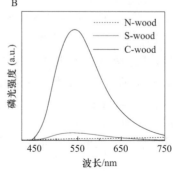

图5-76 C-wood（用1 mol/L MgCl₂处理的椴木）、S-wood
（用1 mol/L MgSO₄处理的椴木）、N-wood［用1 mol/L Mg (NO₃)₂处理的椴木］
在室温下的寿命（A）和磷光发射光谱（B）（Zhai et al.，2023）

　　与此同时，我们也评估了其他卤化物阴离子盐，即KBr、MgBr$_2$和KI，同样观察到RTP寿命的增强（图5-77）。使用KBr处理的C-wood的磷光寿命为41.60ms（图5-77A和B），使用MgBr$_2$处理的C-wood的磷光寿命为53.70ms（图5-77C和D），使用KI处理的C-wood的磷光寿命为87.03ms（图5-77E和F）。考虑制备功效和成本，主要使用MgCl$_2$来实现磷光木材的制备。

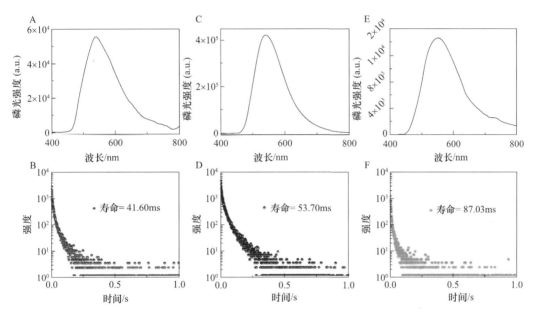

图5-77　不同阴离子盐制备的C-wood的余辉发射光谱和寿命（Zhai et al.，2023）

A图和B图分别为用KBr制备C-wood的余辉发射光谱和寿命；C图和D图分别为用MgBr$_2$制备的C-wood的余辉发射光谱和寿命；E图和F图分别为KI制备C-wood的余辉发射光谱和寿命。激发波长＝365nm

　　为了验证C-wood中MgCl$_2$对于磷光发射的重要性，用水洗涤C-wood以去除MgCl$_2$。如图5-78所示，随着水洗涤C-wood时间的增加，C-wood的寿命逐渐降低。如图5-79所示，通过XPS全谱分析确定，在198eV处的氯的XPS特征峰逐渐减小，C-wood中氯元素的含量从3.97%（0min）降低到0.91%（10min），磷光寿命从284ms（0min）降低到约94ms（10min），充分说明了氯在整个磷光体系中的重要性。

三、相对湿度对C-wood磷光性能的影响

　　磷光材料对于湿度十分敏感，水分子的加入会猝灭磷光转换过程中的三线态激子，导致非辐射衰变增强，磷光减弱。因此，我们研究了相对湿度对C-wood的影响，如图5-80所示，C-wood的磷光会很容易猝灭，其磷光强度和寿命随着湿度增高而降低，当湿度达到90%时，磷光寿命降至5.89ms。这是因为水分子会破坏氯离子与木材之间的相互作用力，使体系的刚性程度降低，从而降低三重态激子辐射跃迁的程度使磷光发光强度和寿命降低。这一现象也说明C-wood可以对湿度有良好的响应特性。

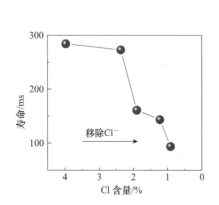

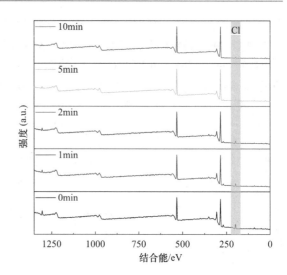

图5-78 氯含量对C-wood磷光寿命的影响
（激发波长＝365nm）（Zhai et al.，2023）

图5-79 不同水洗时间的C-wood的XPS全谱分析
（Zhai et al.，2023）

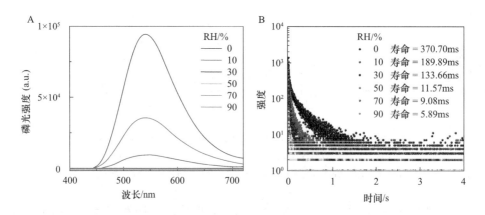

图5-80 不同相对湿度条件下C-wood的磷光特性（Zhai et al.，2023）

A. 不同相对湿度（RH）条件下C-wood的磷光发射光谱；B. 不同相对湿度条件下C-wood的寿命衰减曲线。

激发波长＝365nm

如图5-81所示，展示了在一个"加湿-烘干"循环下C-wood的磷光寿命变化。我们循环了六次"加湿-烘干"试验，来验证湿度和干燥温度对C-wood室温磷光的影响和其室温磷光稳定性。结果表明经过六次反复的"加湿-烘干"处理后，C-wood磷光寿命依旧保持稳定，寿命只有一些适量的降低。

此外，湿度对于C-wood寿命的影响可以通过在C-wood表面涂覆疏水性木蜡来解决。如图5-82所示，木材涂上木蜡后，其寿命不随湿度变化而降低。

四、C-wood的结构表征及室温磷光机制研究

为了进一步了解C-wood中具体磷光发射的机制，我们研究了氯化镁处理木材前后的物理和化学结构，通过SEM表征了木材负载氯化镁前后的形貌特征，通过SEM Mapping

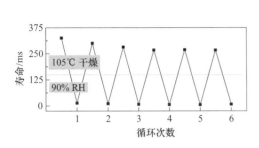

图5-81 C-wood经过多次"加湿-烘干"循环后的RTP寿命（激发波长＝365nm）（Zhai et al.，2023）

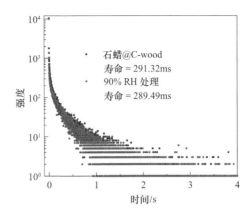

图5-82 木蜡涂覆C-wood及其经过90%相对湿度处理后的RTP衰减曲线（激发波长＝365nm）（Zhai et al.，2023）

分析了各元素在木材表面的分布情况，通过XRD表征了木材负载氯化镁前后的结晶峰，通过FTIR和XPS表征了木材负载氯化镁前后的官能团的变化。

如图5-83所示，SEM成像研究证实，所得的C-wood保持了类似于天然木材（图5-83A和B）的多孔结构（图5-83C）。C-wood的元素分析表明C、O、Mg和Cl均匀分布在木细胞壁内（图5-83D），$MgCl_2$的负载并没有改变木材的原有结构。

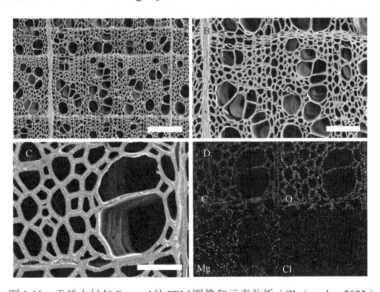

图5-83 天然木材与C-wood的SEM图像和元素分析（Zhai et al.，2023）

A、B. 天然椴木SEM图像（A图比例尺＝200μm，B图比例尺＝100μm）；C. C-wood的扫描电子显微镜图像，比例尺＝50μm；D. C-wood元素分析图像：C、O、Mg和Cl

此外，C-wood的XRD图谱表现出与天然木材和$MgCl_2$处理木材相同的特征信号峰，所以，可以得出结论，使用$MgCl_2$处理并没有改变天然木材的基本结构（图5-84）。具体而言，天然木材在20°时表现出强信号，这归因于木材基质中的Ⅰ型纤维素的特征峰。而使用$MgCl_2$处理木材并没有改变天然木材的特征峰型。

如图 5-85 所示，通过对天然木材和 C-wood 进行 FTIR 分析可知，在 3339cm^{-1} 处具有较宽的吸收峰，归因于木材中酚类和脂肪族结构中羟基的伸缩振动峰；集中在 2914cm^{-1} 左右的吸收峰，主要是对应于甲基和亚甲基中的 C—H 拉伸振动；在 1744cm^{-1} 处的吸收峰，源自 C=O/O—C=O 的拉伸振动。相对于天然木材，C-wood 在 1609cm^{-1} 处的峰归因于芳香环及 C—O 的伸缩振动峰；在 1609cm^{-1}、1509cm^{-1} 和 1430cm^{-1} 处的吸收峰对应于芳香族骨架振动；在 1232cm^{-1} 处的吸收峰归因于与紫丁香基有关的芳香环 C—O 伸缩振动峰；在 1031cm^{-1} 处的吸收峰，可归因于芳香环 C—H 的平面变形振动。以上分析可以得出卤素与木材之间并没有新的共价键的生成（李明玉等，2014）。

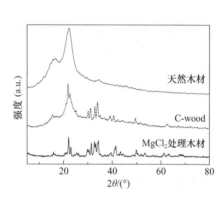

图 5-84　天然木材、C-wood 和 MgCl$_2$ 处理木材的 X 射线衍射（XRD）图谱（Zhai et al.，2023）

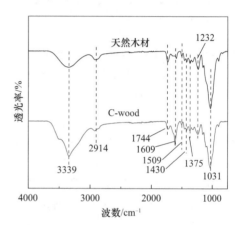

图 5-85　天然木材和 C-wood 的 FT-IR 光谱

为了进一步研究天然木材经 MgCl$_2$ 负载后其结构的变化，我们对天然木材和 C-wood 进行了 X 射线光电子能谱表征。如图 5-86A 所示，天然木材主要表现出两个特征峰，分别归属于 C1s 与 O1s。高分辨能谱经过分峰拟合后发现，天然木材的 C1s 表现出三个峰，如图 5-86B 所示，分别约为 288.5eV、286.5eV 和 284.7eV，分别对应于 C=O、C—O 和 C—C/C=C。天然木材的 O1s 表现出两个峰，如图 5-86C 所示，分别为 533.0eV 和 532.2eV，分别对应于 C=O 和 C—O。

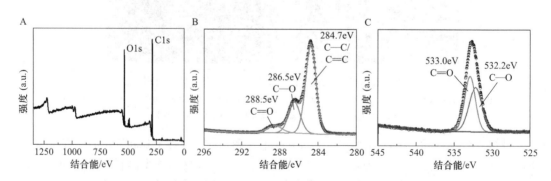

图 5-86　天然木材的 XPS 总谱和不同元素的高分辨能谱

A. 天然木材的 XPS 全谱图；B. 天然木材的 C1s 高分辨能谱；C. 天然木材的 O1s 高分辨能谱

如图5-87A所示，C-wood主要表现出四个特征峰，分别归属于C1s、O1s、Mg2s和Cl2p。高分辨能谱经过分峰拟合后发现，C-wood的C1s表现出三个和天然木材一样的特征峰，如图5-87B所示，分别约为288.8eV、286.8eV和284.9eV，分别对应于C＝O、C—O和C—C/C＝C。C-wood的O1s表现出三个和天然木材一样的特征峰，如图5-87C所示，分别为533.2eV和532.1eV，分别对应于C＝O和C—O。相比于天然木材，C-wood还表现出经$MgCl_2$处理后Mg2s和Cl2p的特征峰。Mg2s的高分辨能谱如图5-87D所示，对应为51.1eV，为Mg—O；Cl2p的高分辨能谱如图5-58E所示，对应为200.3eV和198.6eV，分别对应于来自$MgCl_2$与木材之间的结合Cl和来自游离$MgCl_2$的Cl。$MgCl_2$与木材之间的结合Cl促进了自旋轨道耦合作用，促进了木材的室温磷光的发射。

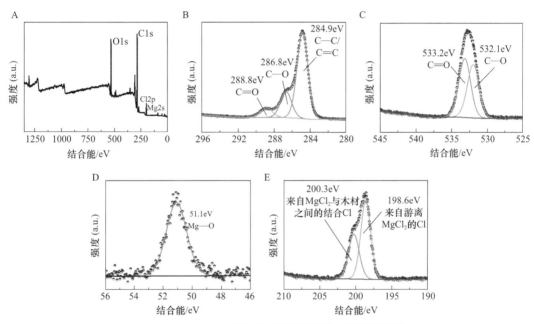

图5-87　C-wood的XPS总谱和不同元素的高分辨能谱

A．C-wood的XPS全谱图；B．C-wood的C1s高分辨能谱；C．C-wood的O1s高分辨能谱；
D．C-wood的Mg2s高分辨能谱；E．C-wood的Cl2p高分辨能谱

为了具体了解木材中木质素的作用，我们制备了去除木质素的木材（delignified wood）。去除木质素的木材表现出非常短的磷光寿命，只有约2.12ms（图5-88）。同时，将去除木质素的木材用$MgCl_2$处理后，磷光寿命基本没有变化，寿命大约为2.27ms。说明氯离子主要是与木材中的木质素进行作用，从而增强了木材的磷光。

此外，为了更进一步证明木材中木质素的作用，将两种工业木质素碱木质素（AL）和木质素磺酸钠（LS-Na）通过纤维素纸浆（cellulose pulp）进行限制（图5-89）。木质素限域在纤维

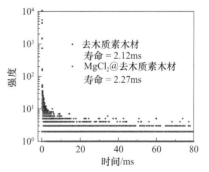

图5-88　去除木质素的木材和经由$MgCl_2$处理的去除木质素的木材的寿命衰减曲线（激发波长为365nm）（Zhai et al.，2023）

素纸浆中会导致磷光的发射，寿命分别为127.5ms（AL@cellulose pulp）和141.7ms（LS-Na@cellulose pulp）。此外，分别在以上两种木质素处理的纤维素纸浆中用MgCl₂进行处理后，该值分别增加到554.7ms（AL＋MgCl₂@cellulose pulp）和356.1ms（LS-Na＋MgCl₂@cellulose pulp）。综上，所有这些结果表明，木质素作为木材中的磷光发色团，可以被外部氯离子激活，从而产生更长的磷光发射。

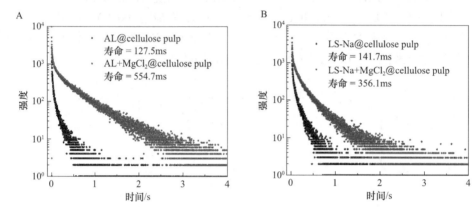

图5-89 碱木质素@纤维素纸浆及其经MgCl₂处理的
磷光寿命衰减曲线（A）和木质素磺酸钠@纤维素纸浆及其
经MgCl₂处理的磷光寿命衰减曲线（B）（Zhai et al., 2023）

激发波长=365nm

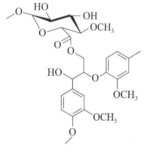

图5-90 在本研究中使用的用于计算的木材模型分子结构（Zhai et al., 2023）

为了更加深入了解所观察到的C-wood相比于天然木材磷光寿命增加的决定性因素，探究C-wood表现出室温磷光发射的机制，我们对其进行了理论模拟计算。如图5-90所示，以木质素碳水化合物作为天然木材中使用的模型单元。如图5-91A所示，根据高分辨XPS光谱研究确定C-wood中有两种类型的Cl⁻，即来自MgCl₂的游离Cl（198.6eV）和来自MgCl₂与木材之间的结合Cl（200.3eV）。因此，如图5-91B所示，在计算中考虑了两种类型的Cl⁻。经过计算发现Cl⁻（来自MgCl₂与木材之间的结合Cl）与最接近的π表面之间的距离在4.6Å和5.0Å之间变化。因此可以得出结论，Cl⁻⋯π相互作用充其量是适度的（图5-92）。但是，事实证明，相应的Cl⁻⋯π距离（来自MgCl₂的游离Cl）为3.56Å。预计这种相对接近的接触有助于氯化阴离子促进自旋轨道耦合作用。

我们测试了天然木材、C-wood（1mol/L MgCl₂处理的椴木）、S-wood（1mol/L MgSO₄处理的椴木）和N-wood［1mol/L Mg（NO₃）₂处理的椴木］的自旋轨道耦合作用（SOC）的数值。理论计算为以上四种木材的SOC值的概念提供了支持，如图5-93所示，其中C-wood的SOC（0.30cm⁻¹）高于天然木材（0.11cm⁻¹）、S-wood（0.04cm⁻¹）和N-wood（0.037cm⁻¹）。C-wood强大的SOC促进了系间窜越速率（ISC），因此可以增强C-wood的磷光发射。通常来说，SOC与生成单线态氧呈正相关。因此，使用9,10-蒽

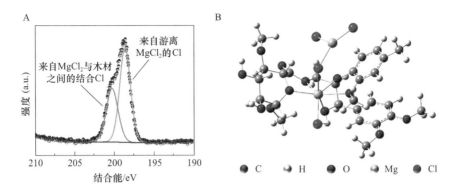

图5-91　C-wood中Cl的高分辨XPS扫描图像（A）和根据理论计算推断的C-wood结构（B）（Zhai et al.，2023）

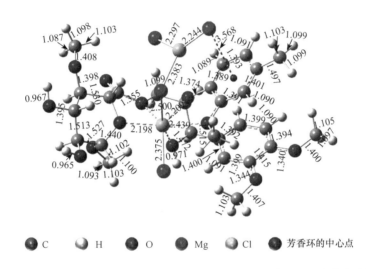

图5-92　去除木质素的木材和经MgCl₂处理的去除木质素木材的寿命衰减曲线（激发波长为365 nm）（Zhai et al.，2023）

二基-双（亚甲基）二丙二酸（ABDA）作为单线氧探针来确定C-wood和天然木材在紫外光照射下产生的单线态氧。如图5-94所示，结果表明，空白ABDA在紫外光的照射下基本可以保持稳定状态，紫外吸收只有略微降低。与天然木材相比，C-wood表现出相对更快、更显著的单线态氧生成，这表明C-wood具有更高的SOC。

　　基于以上所有研究的结果，我们认为C-wood的磷光发射主要是由于木材中的$Cl^-\cdots\pi$之间相互作用从而引起可观察到的长寿命磷光发射。Cl^-与木材中木质素的相互作用使木质素分子的振动受到限制，促进了自旋轨道耦合作用，导致了木材室温磷光发射。

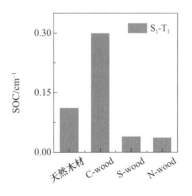

图5-93　计算模型C-wood、S-wood、N-wood和天然木材样品S₁与T₁状态之间的SOC值（Zhai et al.，2023）

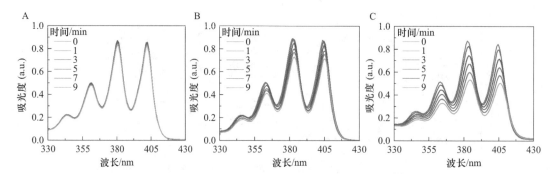

图5-94 天然木材和C-wood在紫外灯照射下产生单线态氧的研究（Zhai et al.，2023）

A~C图分别为空白对照、天然木材和C-wood在365nm紫外灯照射下产生 $^1O_2$ 引起ABDA随时间变化的漂白过程。

ABDA浓度：40ppm；紫外灯照射：5W，距离样品45cm

五、C-wood 对于不同种类木材的普适性研究

为了验证外部氯离子处理木材策略的通用性，我们测试了其他不同类型的木材，包括杨木（图5-95A）、柚木（图5-95B）、枫木（图5-95C）、巴沙木（图5-95D）、荷木（图5-95E）、红胡桃（图5-95F）、榉木（图5-95G）和松木（图5-95H）的样品，同样使用1mol/L MgCl₂对上述木材进行处理。如图5-95中的插图所示，在以上所有的木材样品中，用365nm紫外灯照射时，发现所得的样品呈现出蓝色的荧光，并且可以产生长寿命的黄绿色磷光。

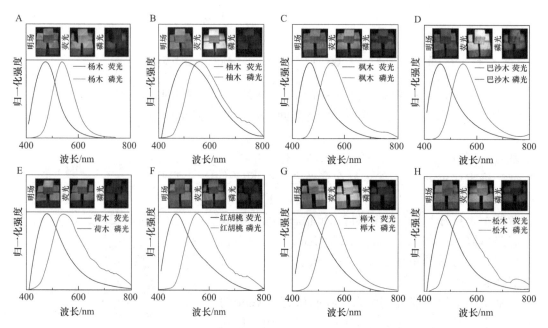

图5-95 木材的普适性测试（Zhai et al.，2023）

A~H图分别为1 mol/L MgCl₂水溶液处理后室温下杨木、柚木、枫木、巴沙木、荷木、红胡桃、榉木和
松木的荧光和磷光归一化处理光谱。插图为C-wood在日光（左）、关闭
365nm紫外灯之前（中）和之后（右）的照片。激发波长＝365nm

如图5-96所示，使用1mol/L MgCl$_2$处理过的木材的磷光寿命相对于原始木材均有不同程度的提升，未经处理过的杨木、柚木、枫木、巴沙木、荷木、红胡桃、榉木和松木样品的相应的磷光寿命分别为10.56ms、30.95ms、29.24ms、2.94ms、7.88ms、4.70ms、10.02ms和7.61ms。处理过的杨木、柚木、枫木、巴沙木、荷木、红胡桃、榉木和松木样品的相应的磷光寿命分别为275.87ms、89.94ms、186.41ms、246.10ms、76.08ms、87.34ms、193.04ms和66.04ms。同时，测试了对应的C-wood的磷光量子产率（QY），如图5-97所示，处理过的杨木、柚木、枫木、巴沙木、荷木、红胡桃、榉木和松木样品的相应的磷光量子产率分别为3.64%、2.57%、2.27%、4.32%、2.33%、1.73%、2.60%和2.15%。

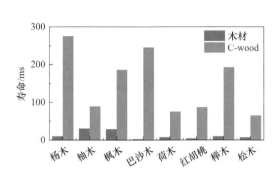

图5-96　8种木材及相应的C-wood的磷光寿命
（Zhai et al.，2023）

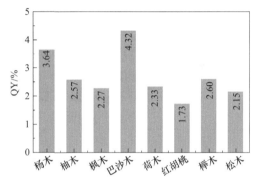

图5-97　8种木材用1mol/L MgCl$_2$
处理后的磷光量子产率

综上所述，由不同类型的木材制备的C-wood表现出不同的发射光谱、磷光寿命及磷光量子产率。为了更好地解释这种情况，我们分析了天然木材对于氯化镁的负载率及各种木材的孔道结构。对木材经过氯化镁处理前后的质量进行分析，发现尽管用相同浓度的氯化镁处理了上述不同种类的木材，但是氯化镁在不同木材中的负载量是不同的（图5-98），进而导致氯离子与木材之间的相互作用力不同，导致了不同的发射光谱与磷光寿命。

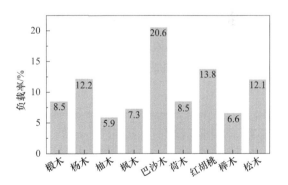

图5-98　MgCl$_2$（1mol/L）在不同木材中的负载率

进一步来说，不同木材上不同的氯化镁负载率可以归因于木材的孔道结构，孔道的大小决定了不同木材具有不同的吸附能力。如图5-99所示，使用扫描电子显微镜拍摄不同木材截面结构，发现不同木材具有不同的孔道结构。

值得注意的是，从不同木材的SEM照片（图5-98）可以看出，尽管椴木和荷木具有相同的MgCl$_2$负载率，均为8.5%，但是它们的木材结构也不尽相同，表现出不同的发射光谱与磷光寿命。这与木材本身的性质有关。如图5-100所示，不同木材的密度是

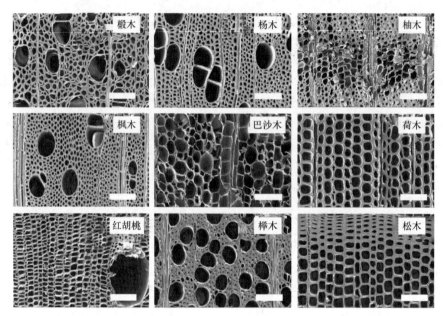

图5-99 不同种类天然木材的SEM图像（Zhai et al.，2023）

比例尺＝100μm

不一样的，从巴沙木的0.121g/cm³到枫木的0.732g/cm³不等。同时，不同木材中的木质素具有不同的物理化学性质，这对于木材的磷光发射是至关重要的。因此，我们系统研究了不同木材中木质素的结构。通常来说，木质素由通过C—O—C和C—C连接的三个苯丙烷单元即愈创木基（G）、紫丁香基（S）和对羟基苯基（H）组成。这些苯丙烷单元和连接的比率在不同木材之间有所不同。这些不同的木质素分子结构、超分子结构和木质素的浓度会导致不同的光致发光特性。为了阐明这些木材中木质素的差异，使用Klason法表征了不同木材中酸不溶木质素的含量。如图5-101所示，这些木材中Klason木质素的含量不尽相同，从23.2%到34.4%不等。

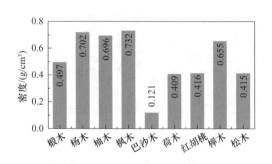

图5-100 9种木材的密度

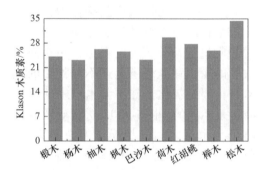

图5-101 9种木材中的Klason木质素含量
（Zhai et al.，2023）

此外，我们以椴木、榉木和松木为例，进行了二维HSQC NMR分析。如图5-102所示，结果表明，这些木材中的木质素具有不同的G/S/H比和结构。所有这些结果表明，MgCl₂的不同负载率及木质素的固有理化特性有助于制备不同发射光谱和寿命的磷光木材。

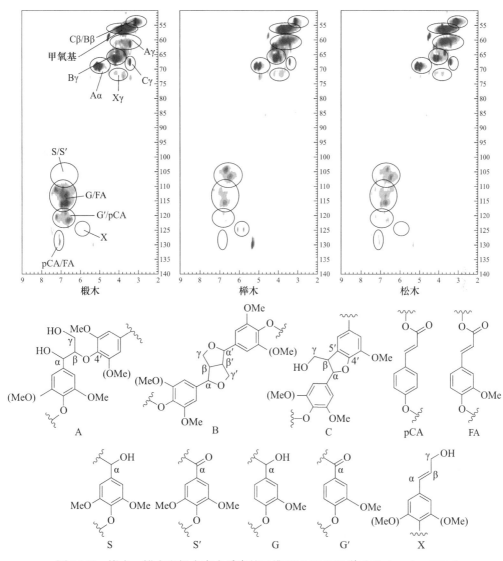

图 5-102　椴木、榉木和松木中木质素的二维 HSQC NMR 谱（Zhai et al., 2023）
主要的连接结构及结构单元有：A. β-O-4′醚键结构，γ位为羟基；B. 树脂醇结构，由 β-β′、α-O-γ′ 和 γ-O-α′ 连接而成；
C. 苯基香豆满结构，由 β-5′ 和 α-O-4′ 连接而成；pCA. 对香豆酸；FA. 阿魏酸；S. 紫丁香基结构；
S′. 氧化紫丁香基结构，α位为酮基；G. 愈创木基结构；G′. 氧化愈创木基结构，α位为酮基；X. 肉桂醇类

因此，我们认为通过 $MgCl_2$ 处理为制备木材基余辉材料提供了新思路。此外，在 $CaCl_2$ 处理下的 C-wood 也具有较长的 RTP 寿命，我们还研究了基于 $CaCl_2$ 的不同木材制成的 C-wood（图 5-103）。处理后的杨木、柚木、枫木、巴沙木、荷木、红胡桃、榉木和松木样品的余辉 RTP 寿命分别为 285.66ms、77.21ms、289.46ms、287.99ms、140.82ms、174.23ms、253.91ms 和 153.13ms。

六、C-wood 材料的应用

可持续的室内照明材料是当前社会明显而实质性的需求。鉴于 C-wood 优异的长

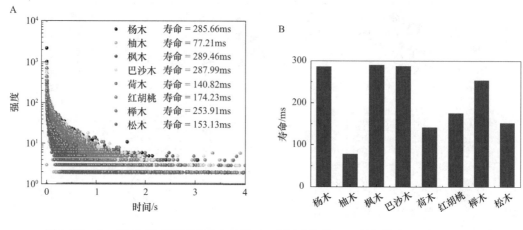

图5-103　1mol/L CaCl₂处理的8种木材的RTP衰减曲线和RTP寿命图（Zhai et al.，2023）
激发波长＝365nm

寿命室温磷光性能，因此C-wood可以在这方面很好地发挥作用。为了评估这种性能的可能性，用MgCl₂溶液喷洒在了椴木制备的木雕上。如图5-104所示，按照预期结果，经过MgCl₂溶液处理的木雕表现出黄绿色的磷光发射（图5-104A）。此外，还可以用MgCl₂溶液对木材表面进行选择性处理，可以得到不同图案的磷光木材。如图5-104B图和C图所示，分别在木材上绘制了一个两只公鸡的窗纸形状和一个"NEF"字母图案。在紫外灯开启的状态下，图案呈现蓝色的荧光发射，关闭紫外灯后，可以清晰地观察到黄绿色的磷光发射。

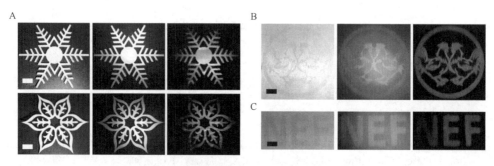

图5-104　C-wood的磷光发射（Zhai et al.，2023）
A. C-wood木雕在明场（左）、关闭365nm紫外灯之前（中）和之后（右）的照片；比例尺＝1cm。B、C. 明场（左）、关闭365nm紫外灯之前（中）和之后（右）的C-wood图案照片；比例尺＝1cm。关闭紫外灯后120ms获得磷光图像

柔性丝线在柔性器件和生物医学等方面都发挥着极其重要的作用。基于此开发出了一种基于外部重原子（MgCl₂）处理的磷光丝线。具体来说就是先将棉线用木质素进行浸渍，105℃烘干之后再用MgCl₂进行浸渍，随后，在105℃下进一步干燥1h后得到RTP纤维。所制备的RTP纤维表现出良好的稳定性，在乙醇（EtOH）、乙腈（ACN）、二甲基亚砜（DMSO）、二甲基甲酰胺（DMF）、乙酸乙酯（EA）、丙酮（Ace）、1,4-二氧六环（Diox）、四氢呋喃（THF）和正己烷（n-hexane）中浸泡1h后，其室温磷光发射保持不变，如图5-105所示。

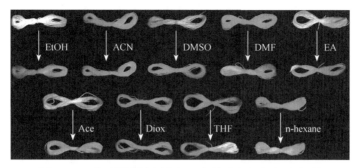

图5-105　在不同溶剂中浸泡2h之前（上）和之后（下）
RTP纤维的磷光发射照片（105℃干燥0.5h后拍照）

如图5-106A图和B图所示，制备的磷光丝线具有优异的磷光发射性能。基于此，在服装上绣出了一个具有磷光发射的小鸟刺绣标志（图5-106C）。在365nm紫外灯的激发下，小鸟刺绣表现出蓝色的荧光发射。在关闭365nm紫外灯后，小鸟刺绣表现出绿色磷光发射。因此，所制备的RTP纤维表现出在服装防伪标识应用方面的潜力。

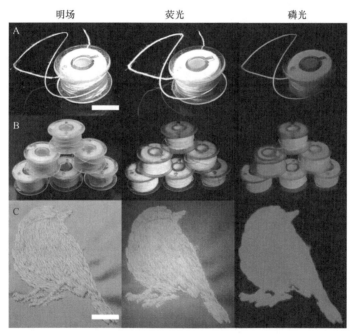

图5-106　RTP纤维（A、B）和标识刺绣（C）在明场（左）、
365nm紫外灯照射下（中）和关闭365nm紫外灯后（右）的磷光发射照片
比例尺＝1cm

发光塑料也是一种让人们感兴趣的材料，它们可以广泛应用于储能、LED和信息存储等方面。在这种情况下，对不规则形状的材料的需求也在不断增长，因此3D可打印的发光塑料在这种情况下就得到广泛的关注。为了测试C-wood是否可以用来制备具有良好发光性能的3D打印塑料，我们将C-wood（10g）与PP（990g）混合以制备C-wood/PP复合材料。具体制备流程如图5-107所示。

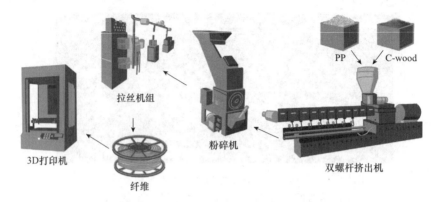

图 5-107　用 C-wood 和聚丙烯制造可打印余辉塑料的示意图（Zhai et al., 2023）

随后，处理了 C-wood/PP 散装复合材料，以使用螺钉挤出机生成可打印的纤维（图 5-108A）。纤维的拉伸强度为 25.63MPa（图 5-109）。然后将这些塑料纤维通过 3D 打印机打印成一些代表性的形状，如兔子、蜂窝和松果（图 5-108B）。经 365nm 紫外灯照射后，所有打印的形状均表现出黄绿色的磷光发射。与此同时，打印的样品在储存 3 个月后没有明显的寿命降低（图 5-110）。

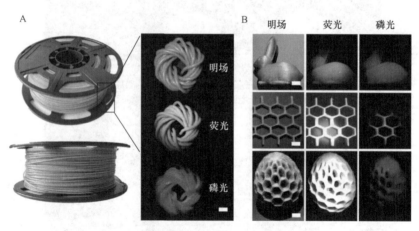

图 5-108　可打印纤维照片（Zhai et al., 2023）
比例尺＝1cm

总而言之，我们已经证明了天然木材可以通过简单地用 MgCl₂ 处理来转化为余辉 RTP 材料。通过在室温下用 1mol/L MgCl₂ 溶液处理 2s，天然椴木的寿命可以增加约 17 倍（约 297ms）。这种磷光寿命的增加归因于木质素与氯化阴离子结合而产生的 SOC 的增强。最值得注意的是，将天然木材转换为 C-wood 的过程中不需要消耗大量的能量、烦琐的操作步骤或有毒试剂。此外，还可将 C-wood 与 PP 结合来生产可打印的塑料纤维，然后通过 3D 打印机打印出各种具备 RTP 发射的结构。

与传统的 RTP 材料相比，C-wood 在实际应用中具有许多优势：①RTP 材料的原料来源是可持续、可再生的木材，可以以较低的价格大规模获得；②天然木材制备 RTP 材料的方法简单、温和，制备过程中不产生有毒副产物；③此外，基于木材衍生的 RTP 材

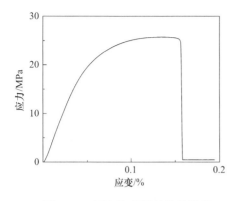

图5-109　可打印纤维的拉伸强度
（Zhai et al.，2023）

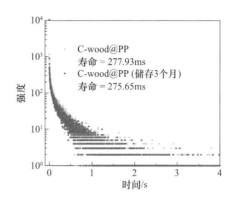

图5-110　C-wood@PP和C-wood@PP样品
储存3个月后的磷光寿命衰减曲线
（激发波长为365nm）（Zhai et al.，2023）

料可以很容易地转换为适合任何实际应用的粉末、膜和结构材料等。考虑以上这些优势，外部重原子激活木材磷光的策略可以在RTP材料可能被证明有用的一系列应用领域中使用，包括防伪、柔性显示器、纺织品和发光涂料等。

　　目前对C-wood的研究仍处于起步阶段，并且C-wood仍存在与实际应用相关的缺点。例如，与目前报道的材料相比，C-wood的寿命并没有显示出明显的改善，C-wood的磷光寿命相比于大部分材料仍然处于中等水平（图5-111）。

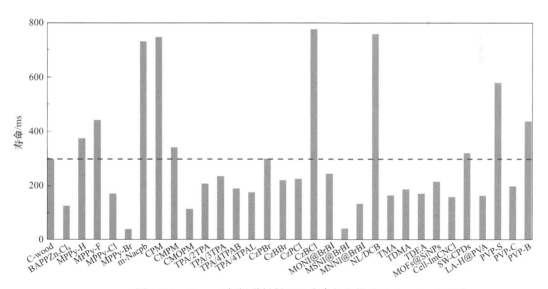

图5-111　C-wood与报道材料RTP寿命的比较（Zhai et al.，2023）

　　因此，未来的重要目标将是提高C-wood的寿命。此外，所报道的磷光材料的RTP波长可以通过定向合成来调节。然而，由于C-wood受到木质素天然结构的限制，因此C-wood的RTP波长不容易修改，未来有可能使用改性的天然木材制备具有不同RTP波长的C-wood。

本 章 小 结

在本章中，主要探明利用包覆限域与氧化诱导限域等方法来可控转化植物多酚与木质素为室温磷光材料，包括以下内容。

通过一个简单的氧化步骤，木质素被成功地转化为可持续的余辉室温磷光材料。磷光寿命约为408ms。氧化木质素的磷光发射受激发波长、温度、湿度及机械力的影响。在不同的有机溶剂中表现出稳定的发光特性。二维核磁和高分辨质谱结果表明，木质素氧化后，生成了大量的芳香酸和脂肪酸。理论模拟进一步证明芳香酸和脂肪酸之间形成了大量氢键，同时，相邻芳香酸形成H型二聚体，羧基部分形成分子间氢键限制了分子振动，从而增加自旋轨道耦合促进磷光发射。这项工作促进了废弃木质素的高附加值应用，鉴于其低廉的价格和丰富的含量，这项工作有望为可持续的余辉室温磷光材料提供一个全新的选择。

利用没食子酸（GA）和海藻酸钠（SA）制备了可持续的余辉RTP材料，通过将GA嵌入交联的SA基质中，GA@SA表现出长寿命室温磷光，最长寿命为934.74ms。对其发光机制的研究表明，超长余辉发射产生的原因与GA分子中羧基部分的振动受限和H型聚集体的形成增强了SOC有关。不同的天然多酚，包括单宁酸（TA）、咖啡酸（Cafa）和绿原酸（CA），嵌入SA基质后都表现出明显的余辉RTP发射，表明该方法具有普适性，可成功应用于服装防伪标志。

第六章

木材仿生光学中的光热材料

第一节　木材组分制备光热材料的筑控策略

常见的用于太阳能驱动界面水蒸发系统的光热转换材料主要包括Au、Ag和Pd等金属纳米材料，TiO_2、$Cu_{2-x}S$、CoS、Ti_2O_3和MoO_{3-x}等半导体材料，炭黑、碳纳米管、石墨烯和碳纳米球等碳基材料，以及聚吡咯和聚多巴胺等有机聚合物材料。

相较于这些材料，利用木质素与植物多酚构建光热材料具有原材料来源广、绿色与可持续等优势。木质素与植物多酚等含有苯环的木材组分在固体状态下，其苯环结构容易发生堆砌，激发态易发生非辐射跃迁，诱导光热转换。研究表明这种光热转换效率可以通过调节这几类物质的吸收光谱与非辐射跃迁常数来进行有效调控。

第二节　木质素/聚合物光热转换薄膜的制备及光热焊接性能研究

一、木质素负载硫化铜纳米颗粒的制备

首先通过无水乙醇的粗提纯，得到精制酶解木质素。称取100mg精制酶解木质素溶于20mL无水乙醇中，超声至全部溶解。利用注射泵以2mL/min的速率逐滴滴加180mL去离子水于上述溶液中，并全程以400r/min磁力搅拌溶液1h，在溶剂交换过程中自动形成木质素纳米颗粒。在木质素纳米颗粒溶液中加入3.9g五水硫酸铜，室温搅拌12h，后8000r/min离心15min，去除上清液保留沉淀。将得到的沉淀分散于100mL去离子水中，加入100mg九水硫化钠，在60℃条件下水浴搅拌反应5h，后8000r/min离心15min，去除上清液保留沉淀。将沉淀冷冻真空干燥2d，得到木质素负载硫化铜纳米颗粒（L-NPs@CuS）粉末。

二、木质素负载硫化铜/聚己内酯复合薄膜的制备

将聚己内酯加入二氯甲烷溶液中，浓度为2%，在室温下以400r/min磁力搅拌溶液30min。随后向上述溶液中加入木质素负载硫化铜纳米颗粒粉末，混合溶液继续以400r/min磁力搅拌3h，以确保木质素负载硫化铜纳米颗粒在聚己内酯溶液中均匀分散。随后，将分散均匀的混合物静置以消除气泡，后浇铸到玻璃槽中并在室温下干燥即得到木质素负载硫化铜/聚己内酯（L-NPs@CuS/PCL）复合薄膜（图6-1）。

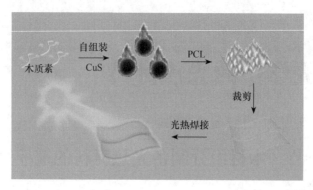

图6-1　L-NPs@CuS的制备及L-NPs@CuS/PCL复合薄膜光热焊接示意图

三、L-NPs@CuS形貌及结构分析

使用溶剂交换诱导自组装方法将精制后的酶解木质素转化为木质素纳米颗粒，并通过物理吸附手段使纳米颗粒负载上硫化铜，得到L-NPs@CuS。采用透射电子显微镜观察

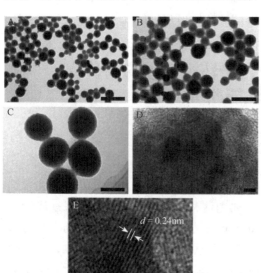

图6-2　L-NPs@CuS的TEM、HRTEM和微晶图
A~C. L-NPs@CuS的TEM图像，比例尺分别为1μm、500nm和200nm；D. L-NPs@CuS的HRTEM图，比例尺为2nm；E. L-NPs@CuS的微晶图

L-NPs@CuS的微观形貌，如图6-2A~C所示。由图可知，自组装得到的L-NPs@CuS微观形貌均一，呈高度一致的球状，粒径约为250nm。自组装得到的L-NPs@CuS具体形成过程大致为：在精制酶解木质素的乙醇溶液中逐滴滴加去离子水时，溶液发生相分离，木质素分子的亲水性基团位于球体外，而疏水性基团位于球体内，随着去离子水含量的进一步增加，木质素分子之间在π-π相互作用的驱动下层层自组装，最终形成了稳定且形貌均一的L-NPs@CuS。接下来，进一步观察了L-NPs@CuS的高分辨透射电子显微镜（HRTEM）图和微晶图，如图6-2D和E所示。分析可知，L-NPs@CuS中晶面间距（d）为0.24nm，对应辉铜矿晶面，表明L-NPs@CuS中生成了辉铜矿相CuS。因此，木质素纳米颗粒成功地负载上硫化铜。

为了进一步证实木质素纳米颗粒成功地负载上硫化铜，对L-NPs@CuS球体表面上的元素分布情况进行了分析，如图6-3所示。从L-NPs@CuS的元素区域分布图可以看出，L-NPs@CuS球体表面均匀分布着C、O、Cu、S元素。其中，C、O元素主要来源于木质素的分子骨架，Cu元素来源于木质素纳米颗粒在水中吸附的金属Cu^{2+}，而S元素来源于木质素纳米颗粒在水中吸附的九水硫化钠中的S^{2-}。因此，L-NPs@CuS的元素区域分布图再一次证实了木质素纳米颗粒成功地负载上硫化铜。

此外，为了进一步确定木质素负载硫化铜后的元素组成及元素结合方式，对精制酶解木质素及制备的木质素负载硫化铜纳米颗粒粉末的XPS谱图进行分析。精制酶解木质素的XPS谱图如图6-4所示。由图分析可知，酶解木质素粉末中主要含有C、O元素。高分辨C1s（图6-5）、O1s（图6-6）XPS谱图展示了酶解木质素粉末的化学键详细信息。C1s谱图中284.8eV、286.3eV和288.7eV波段分别对应C—C、C—O和C＝O；O1s谱图中532.2eV和533.2eV波段分别对应C＝O和C—O。

木质素负载硫化铜纳米颗粒粉末的XPS谱图如图6-7所示。由图6-7A分析可知，木质素负载硫化铜纳米颗粒粉末中含有C、O、Cu、S元素。高分辨C1s（图6-7B）、O1s（图6-7C）和S2p（图6-7D）XPS谱图展示了木质素负载硫化铜纳米颗粒粉末的化学键详细信息。在C1s光谱中284.9eV、286.3eV和288.5eV波段分别对应C—C、C—O和C＝O；在O1s光谱中531.7eV和533.0eV波段分别对应C＝O和C—O；在S2p光谱中168.6eV和169.6eV波段对应—SO$_3$。综上，

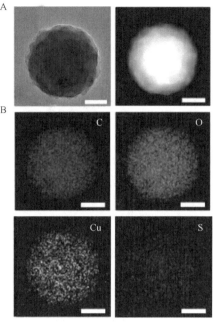

图6-3　L-NPs@CuS的TEM图像、高角环形暗场图像和元素区域分布图

A. 从左到右分别是L-NPs@CuS的TEM图像和高角环形暗场图像；B. L-NPs@CuS的元素区域分布图。比例尺均为100nm

结合木质素负载硫化铜纳米颗粒TEM元素分布图结果，表明在木质素负载硫化铜纳米颗粒中，CuS成功负载在木质素纳米颗粒上，并且在木质素纳米颗粒球体表面均匀分布。

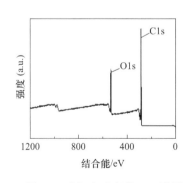

图6-4　酶解木质素的XPS谱图

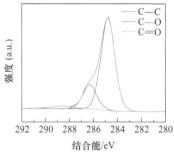

图6-5　酶解木质素的高分辨C1s XPS谱图

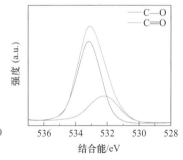

图6-6　酶解木质素的高分辨O1s XPS谱图

四、L-NPs@CuS光热转换特性研究

接下来，对木质素负载硫化铜纳米颗粒的光热特性进行了研究。L-NPs@CuS的紫外-可见-近红外吸光度谱图如图6-8所示。由图分析可知，粉末状的L-NPs@CuS在

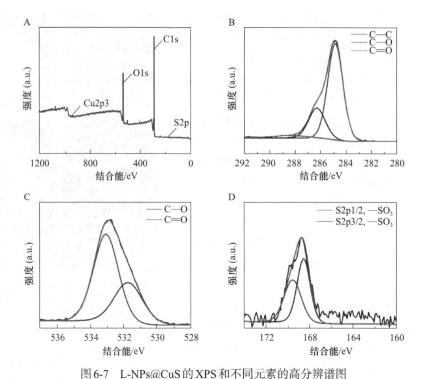

图 6-7 L-NPs@CuS 的 XPS 和不同元素的高分辨谱图

A. L-NPs@CuS 的 XPS 总谱图;B. L-NPs@CuS 的高分辨 C1s XPS 谱图;C. L-NPs@CuS 的高分辨 O1s XPS 谱图;
D. L-NPs@CuS 的高分辨 S2p XPS 谱图

200~2400nm 的宽波长范围内显示出吸光度,并且与太阳光谱很好地重叠在一起。这一研究结果表明,L-NPs@CuS 具有作为光热转换太阳能吸收材料的潜力。

木质素负载硫化铜纳米颗粒粉末的光热转换效应温差变化如图 6-9 所示,使用氙灯模拟太阳辐射。由图可知,在光强为 150mW/cm² 的模拟太阳光照射下,木质素负载硫化铜纳米颗粒粉末的表面温度在 20min 内从 36.6℃升高到约 79.9℃。这一结果表明,木质素负载硫化铜纳米颗粒粉末具有良好的光热转换特性。

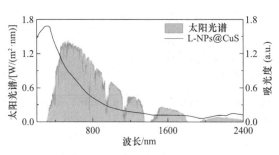

图 6-8 叠加在太阳光谱上的 L-NPs@CuS 吸光度谱图

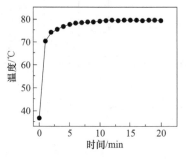

图 6-9 模拟太阳光辐射(150mW/cm²)下粉状 L-NPs@CuS 的温度变化

木质素负载硫化铜纳米颗粒粉末在光强为 150mW/cm² 的模拟太阳光照射下,不同照射时间所对应的红外热成像照片如图 6-10 所示。这组照片可以直观地显示出木质素负载硫化铜纳米颗粒粉末在光照下其温度随时间变化的情况。木质素负载硫化铜纳米颗粒粉末的温度在短时间内升高了40℃以上，这进一步展示出了木质素负载硫化铜纳米颗粒粉末良好的光热效应。

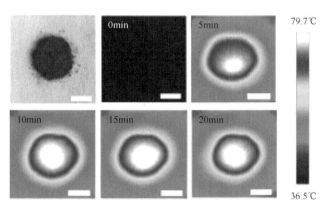

图6-10　粉状L-NPs@CuS在模拟太阳光辐射（150mW/cm²）下的红外热成像照片
比例尺为1cm

进一步研究了木质素负载硫化铜纳米颗粒粉末在不同光强的模拟太阳光照射下的光热转换效应温差变化情况，如图6-11所示。从图中可以看出，增加模拟太阳光的光强可以增强木质素负载硫化铜纳米颗粒粉末的光热转换效应。设置了4种模拟太阳光的光强分别为50mW/cm²、100mW/cm²、150mW/cm²和200mW/cm²，当光强为50mW/cm²时，木质素负载硫化铜纳米颗粒粉末的光热转换效应温差变化大约为14.0℃，当光强为200mW/cm²时，木质素负载硫化铜纳米颗粒粉末的光热转换效应温差变化大约为61.7℃。

并且，木质素负载硫化铜纳米颗粒粉末在不同光强的模拟太阳光照射下均可以进行良好且稳定的光热转换，分别如图6-12（50mW/cm²）、图6-13（100mW/cm²）和图6-14（200mW/cm²）所示。

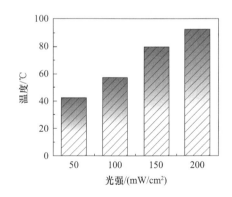

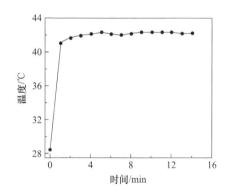

图6-11　不同模拟太阳光光强辐射下粉状
L-NPs@CuS的温度变化

图6-12　模拟太阳光辐射下粉状L-NPs@CuS的
温度变化（50mW/cm²）

此外，还研究了木质素负载硫化铜纳米颗粒粉末的光热转换效应循环特性，如图6-15所示。由图分析可知，木质素负载硫化铜纳米颗粒粉末的光热转换效应被证明在三

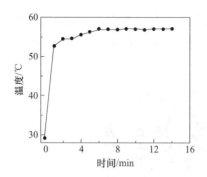

图6-13　模拟太阳光辐射下粉状
L-NPs@CuS的温度变化（100mW/cm²）

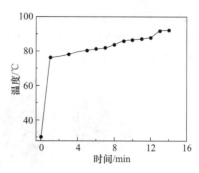

图6-14　模拟太阳光辐射下粉状
L-NPs@CuS的温度变化（200mW/cm²）

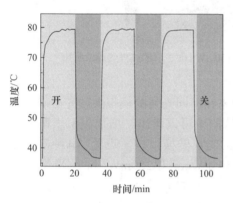

图6-15　模拟太阳光辐射（150mW/cm²）
下粉状L-NPs@CuS的可逆温度变化

个模拟太阳光辐射周期内保持不变，具有良好的光热转换效应循环特性。以上这些结果都表明木质素负载硫化铜纳米颗粒粉末具有良好的光热性能。

将木质素负载硫化铜纳米颗粒粉末与PCL均匀混合制备了L-NPs@CuS/PCL复合薄膜，对该复合薄膜进行扫描电子显微镜（SEM）分析，如图6-16所示。A图和B图分别为纯PCL薄膜和70% L-NPs@CuS/PCL复合薄膜的表面微观形貌图，由图可知，纯PCL薄膜表面看起来相对平整且光滑，而70% L-NPs@CuS/PCL复合薄膜的表面形貌相对粗糙，表面凹凸不平，这主要是由于在PCL薄膜基质中掺杂了L-NPs@CuS。C图和D图分别为纯PCL薄膜和70% L-NPs@CuS/PCL复合薄膜的断面形貌图，由图可知，两种薄膜的断面形貌并没有明显的

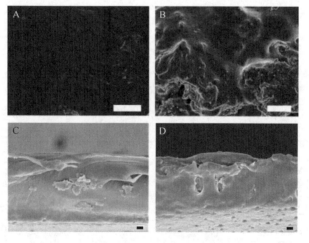

图6-16　PCL和70% L-NPs@CuS/PCL的SEM图像
A图和B图分别为纯PCL和70% L-NPs@CuS/PCL复合薄膜的表面SEM图，比例尺为10μm；
C图和D图分别为纯PCL和70% L-NPs@CuS/PCL复合薄膜的断面SEM图，比例尺为1μm

区别，表明L-NPs@CuS与PCL很好地混合在一起，没有发生结构的变化。

70% L-NPs@CuS/PCL复合薄膜表面的SEM元素分布如图6-17所示。由图分析可知，70% L-NPs@CuS/PCL复合薄膜表面含有C、O、Cu和S元素，且各元素均分布均匀，表明L-NPs@CuS在PCL基质中均匀分布。

此外，使用原子力扫描探针显微镜（AFM）比较了纯PCL薄膜及70% L-NPs@CuS/PCL复合薄膜的表面3D形貌及粗糙度。纯PCL薄膜具有相对光滑的表面，如图6-18A所示，均方根（RMS）粗糙度为100nm。这一结果与纯PCL薄膜的扫描电子显微镜表面微观形貌图一致。而70% L-NPs@CuS/PCL复合薄膜表面相对粗糙，如图6-18B所示，均方根（RMS）粗糙度为553nm。同时，70% L-NPs@CuS/PCL复合薄膜的表面3D形貌与其扫描电子显微镜表面微观形貌图一致。

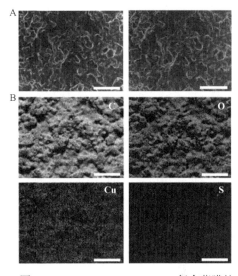

图6-17 70% L-NPs@CuS/PCL复合薄膜的SEM和元素分布图

A. 从左到右分别为70% L-NPs@CuS/PCL复合薄膜的SEM图和元素分布总图；B. 70% L-NPs@CuS/PCL复合薄膜的C、O、Cu和S元素分布图。比例尺均为100μm

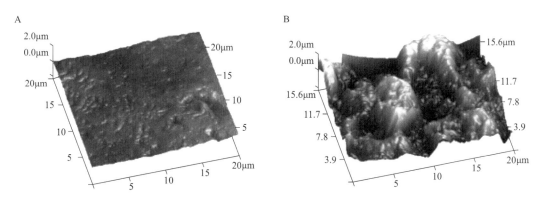

图6-18 纯PCL（A）和70% L-NPs@CuS/PCL复合薄膜（B）的3D AFM图像

扫描面积为 20μm×20μm

五、L-NPs@CuS/PCL复合薄膜光热转换特性研究

接下来对L-NPs@CuS/PCL复合薄膜的光热特性进行研究。70% L-NPs@CuS/PCL复合薄膜的光热转换效应温差变化如图6-19所示，使用氙灯模拟太阳辐射。由图可知，在光强为150mW/cm^{2}的模拟太阳光照射下，70% L-NPs@CuS/PCL复合薄膜的表面温度在20min内从36.7℃升高到约70.6℃。这一结果表明，70% L-NPs@CuS/PCL复合薄膜具有良好的光热转换特性。

70% L-NPs@CuS/PCL复合薄膜在光强为150mW/cm^{2}的模拟太阳光照射下，不同照

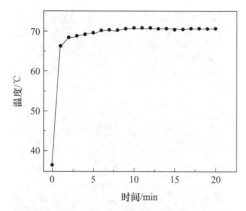

图6-19　模拟太阳光辐射（150mW/cm²）下
70% L-NPs@CuS/PCL复合薄膜的温度变化

射时间所对应的红外热成像照片如图6-20所示。这组照片可以直观地显示出70% L-NPs@CuS/PCL复合薄膜在光照下温度随时间的变化情况，由图可知，70%L-NPs@CuS/PCL复合薄膜的温度在短时间内升高了约33.9℃，这进一步展示出了70%L-NPs@CuS/PCL复合薄膜良好的光热效应。

将70% L-NPs@CuS/PCL复合薄膜的光热效应与对照组木质素/PCL复合薄膜（图6-21）及硫化铜/PCL复合薄膜（图6-22）的光热效应进行对比。由图6-21可知，在光强为150mW/cm²的模拟太阳光照射下，木质素/PCL复合薄膜的表面温度在20min内从29.0℃升高到约54.5℃。因此，70% L-NPs@CuS/PCL复合薄膜的光热效应远高于对照组木质素/PCL复合薄膜的光热效应，这主要是由于木质素纳米颗粒形成的"镜像"效应增强了材料对光的吸收及负载了优异的光热材料硫化铜。此外，由图6-22可知，在光强为150mW/cm²的模拟太阳光照射下，硫化铜/PCL复合薄膜的表面温度在20min内从28.4℃升高到约70.0℃。因此，70% L-NPs@CuS/PCL复合薄膜的光热效应略低于对照组硫化铜/PCL复合薄膜的光热效应，但从实际应用角度出发，70% L-NPs@CuS/PCL复合薄膜相比硫化铜/PCL复合薄膜更绿色环保。

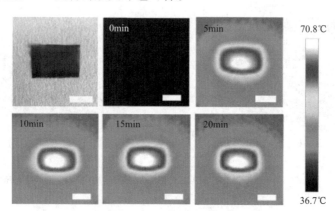

图6-20　70% L-NPs@CuS/PCL复合薄膜在模拟太阳光辐射
（150mW/cm²）下的红外热成像照片

比例尺为1cm

进一步研究了不同L-NPs@CuS负载量的L-NPs@CuS/PCL复合薄膜的光热转换效应温差变化情况，如图6-23所示。从图中可以看出，增加L-NPs@CuS的负载量可以增强L-NPs@CuS/PCL复合薄膜的光热转换效应。设置了4种不同的L-NPs@CuS负载量，分别为10%、30%、50%和70%，当L-NPs@CuS负载量为10%时，10% L-NPs@CuS/PCL复合薄膜的光热转换效应温差变化大约为13.5℃，当负载量为70%时，70% L-NPs@CuS/PCL复合薄膜的光热转换效应温差变化大约为33.9℃。

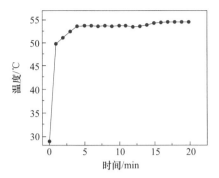

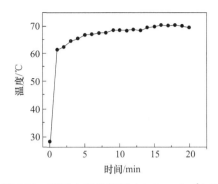

图 6-21　模拟太阳光辐射（150mW/cm²）下
木质素/PCL 复合薄膜的温度变化

图 6-22　模拟太阳光辐射（150mW/cm²）下
硫化铜/PCL 复合薄膜的温度变化

此外，还研究了 70% L-NPs@CuS/PCL 复合薄膜的光热转换效应循环特性，如图 6-24 所示。由图分析可知，70% L-NPs@CuS/PCL 复合薄膜的光热转换效应被证明在三个模拟太阳光辐射周期内保持不变，具有良好的光热转换效应循环特性。以上这些结果都表明 70% L-NPs@CuS/PCL 复合薄膜具有良好的光热性能。

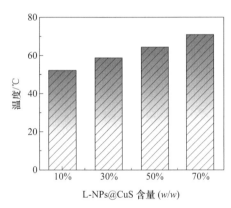

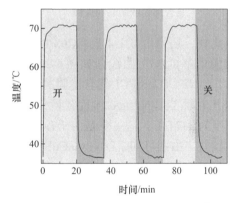

图 6-23　含有不同 L-NPs@CuS 负载量的
L-NPs@CuS/PCL 复合薄膜在模拟太阳光辐射
（150mW/cm²）下的温度变化

图 6-24　模拟太阳光辐射（150mW/cm²）下
70% L-NPs@CuS/PCL 复合薄膜的
可逆温度变化

聚己内酯是一种结晶性高聚物，其结晶情况对材料本身的性能具有十分重要的影响，因此采用差示扫描量热仪对 L-NPs@CuS/PCL 复合薄膜的结晶情况及熔融情况进行分析。L-NPs@CuS/PCL 复合薄膜的结晶曲线图如图 6-25 所示。由图可知，随着 L-NPs@CuS 负载量的逐渐增加，L-NPs@CuS/PCL 复合薄膜的结晶温度逐渐降低。纯 PCL 的结晶温度为 25.6℃，而当 L-NPs@CuS 负载量为 70% 时，70% L-NPs@CuS/PCL 复合薄膜的结晶温度为 17.6℃。

L-NPs@CuS/PCL 复合薄膜的熔融曲线图如图 6-26 所示。从图中可以看出，复合薄膜的熔融温度也出现与其结晶温度类似的变化现象，随着 L-NPs@CuS 负载量的逐渐增加，L-NPs@CuS/PCL 复合薄膜的熔融温度也逐渐降低。纯 PCL 的熔融温度为 53.5℃，而当 L-NPs@CuS 负载量为 70% 时，70% L-NPs@CuS/PCL 复合薄膜的熔融温度为52.2℃。综合图6-25和图6-26的结果表明，聚己内酯与加入的L-NPs@CuS发生相互作用，从而影响了聚己内酯的结晶性能。此外，由图6-26可知，70% L-NPs@CuS/PCL复合薄膜的熔融温度为52.2℃，表明70% L-NPs@CuS/PCL复合薄膜在温度为52.2℃时，复合薄膜处于熔融状态即从固态变为液态，这一研究结果为后续的光热焊接应用提供有效支撑。

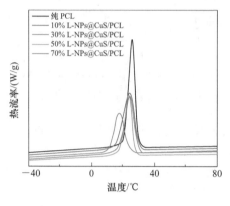

图6-25 纯PCL和L-NPs@CuS/PCL
复合薄膜的结晶曲线图

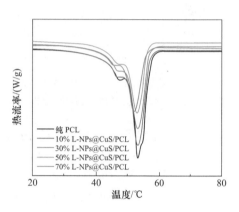

图6-26 纯PCL和L-NPs@CuS/PCL
复合薄膜的熔融曲线图

此外，还研究了L-NPs@CuS/PCL复合薄膜的热稳定性。L-NPs@CuS/PCL复合薄膜的失重率（TG）曲线图如图6-27所示，由图可知，随着L-NPs@CuS负载量的逐渐增加，L-NPs@CuS/PCL复合薄膜的初始分解温度逐渐降低。纯PCL的初始分解温度为336.8℃，而当L-NPs@CuS负载量为70%时，70% L-NPs@CuS/PCL复合薄膜的初始分解温度为247.9℃。这主要是由于L-NPs@CuS作为木质素这种天然产物的衍生物，热稳定性较差，由图可知，L-NPs@CuS的初始分解温度为202.2℃，而木质素的初始分解温度仅为189.7℃。

L-NPs@CuS/PCL复合薄膜的失重速率（DTG）曲线图如图6-28所示，由图可知，复合薄膜的最大分解速率温度也出现与其TG曲线图类似的变化现象，随着L-NPs@CuS负载量的逐渐增加，L-NPs@CuS/PCL复合薄膜的最大分解速率温度也逐渐降低。当L-NPs@

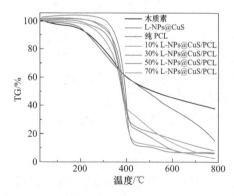

图6-27 木质素粉末、L-NPs@CuS、纯PCL薄膜及
L-NPs@CuS/PCL复合薄膜的TG曲线图

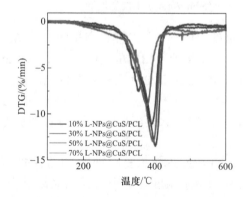

图6-28 L-NPs@CuS/PCL复合薄膜的
DTG曲线图

CuS负载量为10%时，10% L-NPs@CuS/PCL复合薄膜的最大分解速率温度为400.3℃，而当L-NPs@CuS负载量为70%时，70% L-NPs@CuS/PCL复合薄膜的最大分解速率温度为378.1℃，表明随着L-NPs@CuS负载量的逐渐增加，加快了复合薄膜的热分解。

六、L-NPs@CuS/PCL复合薄膜光热焊接研究

接下来对L-NPs@CuS/PCL复合薄膜的光热焊接应用进行研究。首先，探究了L-NPs@CuS/PCL复合薄膜在模拟太阳光照射下能够进行焊接的条件参数。通过对比不同氙灯照射光强（图6-29）、不同照射时间（图6-30）及不同L-NPs@CuS负载量（图6-31）下L-NPs@CuS/PCL复合薄膜光热焊接后的力学性能，来研究L-NPs@CuS/PCL复合薄膜的最佳焊接条件参数。由图6-29至图6-31可知，氙灯照射光强越强，照射时间越长及L-NPs@CuS负载量越多，L-NPs@CuS/PCL复合薄膜光热焊接后力学性能越好。

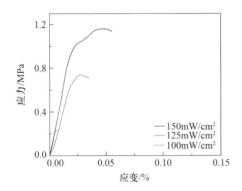

图6-29　不同照射光强下L-NPs@CuS/PCL
复合薄膜光热焊接后的力学性能

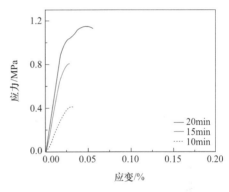

图6-30　不同照射时间下L-NPs@CuS/PCL
复合薄膜光热焊接后的力学性能

与此同时，通过对比L-NPs@CuS/PCL复合薄膜光热焊接前后的力学性能，来判断L-NPs@CuS/PCL复合薄膜是否焊接成功，如图6-32所示。由图可知，在氙灯照射光强为150mW/cm²、照射时间为20min、L-NPs@CuS负载量为70%时，L-NPs@CuS/PCL

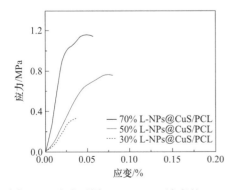

图6-31　含有不同L-NPs@CuS浓度的L-NPs@
CuS/PCL复合薄膜光热焊接后的力学性能

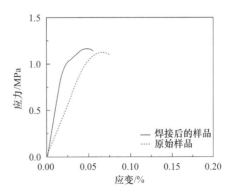

图6-32　L-NPs@CuS/PCL复合薄膜
光热焊接前后的力学性能

复合薄膜光热焊接后的力学性能与裁剪前初始的L-NPs@CuS/PCL复合薄膜力学性能相当，表明被裁剪的L-NPs@CuS/PCL复合薄膜已成功地焊接在一起。

一些L-NPs@CuS/PCL复合薄膜光热焊接的实物演示如图6-33所示。从图中可以看出，焊接后的L-NPs@CuS/PCL复合薄膜与焊接前的复合薄膜没有明显差别，表明L-NPs@CuS/PCL复合薄膜具有良好的自愈合特性。

图6-33　L-NPs@CuS/PCL复合薄膜光热焊接实物演示图

图6-34　L-NPs@CuS/PCL复合薄膜
精准光热焊接实物演示图

此外，L-NPs@CuS/PCL复合薄膜还能够通过掩膜进行精准的光热焊接，如图6-34所示。通过将掩膜覆盖在两片重叠的L-NPs@CuS/PCL复合薄膜中心位置，把重叠的L-NPs@CuS/PCL复合薄膜三个边暴露在氙灯下照射进行光热焊接，可以制作装有小木块的L-NPs@CuS/PCL复合薄膜袋子。

第三节　落叶松树皮多酚与铁离子络合物/PVA复合膜的制备及其光热转换应用

一、落叶松树皮多酚与铁离子络合物/PVA

落叶松树皮多酚（LBE）的提取：落叶松树皮用粉碎机打成粉末，然后筛分出30～40目的部分备用。取500g落叶松树皮粉末，与10L去离子水在50℃下搅拌2h。过滤后，保留滤饼，并将滤饼继续用50%乙醇在50℃下搅拌提取2h，提取两次。收集提取液，在40℃下，用旋转蒸发仪除去乙醇，之后通过冷冻干燥去除剩余的水分。收集的粉末即为落叶松多酚（Luo et al.，2019）。

落叶松树皮多酚与金属离子络合物的制备：将LBE用去离子水溶解，待其完全溶解之后，按10∶1（w/w）加入$FeCl_3 \cdot 6H_2O$并继续于室温下搅拌30min。然后，冷冻干燥收集样品即为LBF。儿茶酚与Fe（Ⅲ）络合物（CF）的制备方法与上述类似，$FeCl_3$的比例为5.5∶1（w/w）。与LBF制备类似，利用$CuCl_2 \cdot 2H_2O$与$AlCl_3 \cdot 6H_2O$分别制备LBC与LBA。

LBF/PVA光热膜的制备：将PVA于90℃水浴搅拌2h，配制成50g/L的溶液备用。取60mL PVA溶液，并加入不同质量比例的LBF，充分搅拌20min后，将混合溶液超声20min脱除气泡。用溶液浇筑法将混合液缓慢倒入自制玻璃槽中（20cm×20cm），然后40℃烘干4h。将膜揭下后，于40℃下真空干燥12h，存储于干燥器中待用。作为控制组，空白PVA膜以相同的方法制备处理。

二、提取物分析

落叶松树皮多酚的提取过程如图6-35A所示。采用50%乙醇水溶液提取落叶松树皮多酚，经冻干之后，即可获得粉红色的粉末状产物LBE（图6-35B）。经香草醛法测定分析，结果显示落叶松树皮多酚的平均缩合度为7~8。福林酚法测定其总酚含量，结果显示为15.9mmol/g。

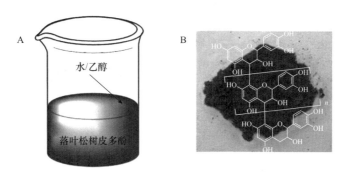

图6-35 落叶松树皮多酚提取示意图（A）和
落叶松树皮多酚的照片及结构式（B）（Luo et al.，2019）

为了进一步了解提取物中的成分，将LBE稀释至合适的浓度，测试了HPLC（图6-36）。结果显示，LBE中含有部分儿茶素单体。而其他组成部分均为极性较大的物质，这些物质可能为其缩合产物。

三、LBE金属离子络合物形貌分析

LBE与金属离子络合之后，即可转变成光热材料。选取了铁、铜、铝3种常见、廉

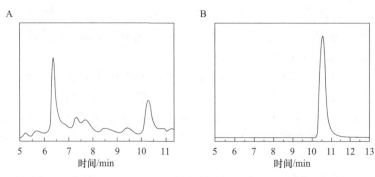

图6-36　LBE（A）和儿茶素（B）的HPLC谱图（Luo et al.，2019）

价的金属离子（分别来自氯化铁、氯化铜、氯化铝），它们也常被报道用于构建光热材料。扫描结果显示（图6-37），LBE呈现出片层结构，LBE与金属离子络合物则显示出完全不同的形貌特征：LBF为颗粒状，LBC为棒状，LBA为类似于膜的形貌。从相应的元素分布谱图看出，金属元素在络合物中分布较为均匀。

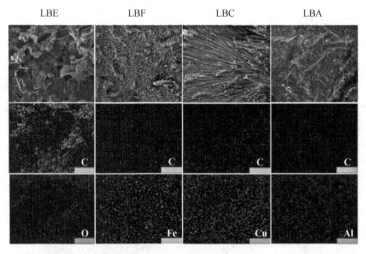

图6-37　LBE、LBF、LBC、LBA的扫描电镜图片（上）及元素分析（中和下）（Luo et al.，2019）
比例尺为20μm

四、光热性质初步探究

LBE、LBF、LBC和LBA的实物图如图6-38所示。可以看出，与氯化铁络合之后的产物LBF呈现为黑色，与氯化铜络合之后的产物LBC为棕色，而与氯化铝络合的产物LBA呈现出与LBE相似的粉红色。

将四种粉末分别置于1个标准太阳光强度的模拟太阳光照射下，记录其表面温度的变化，初步探究其光热性质。照射5min后，LBE与LBA的表面升温至约40℃，而LBF与LBC表面温度升至约60℃。将照射时间延长至10min，与照射5min相比，LBE、LBF和LBC表面温度没有呈现出任何的变化。而LBA的表面温度则继续上升了约5℃，达到45℃。以上结果表明，与LBE相比，其金属离子络合物LBA呈现出与其相似的光热性质。而LBF和LBC则表现出较好的光热性质，具有作为光热材料的潜力。

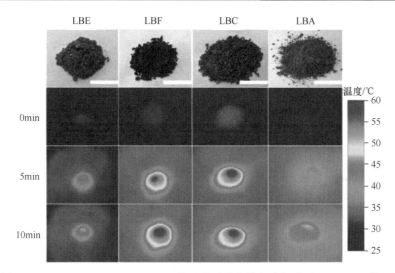

图 6-38　LBE、LBF、LBC、LBA 的照片及其在模拟太阳光（100mW/cm²）下
照射 0min、5min、10min 的 IR 照片（Luo et al.，2019）

比例尺为 1cm

五、热重分析

基于以上实验结果，LBF 和 LBC 表现出较为优异的光热性质。因此，我们继续研究其热稳定性。TG 和 DTG 测试结果如图 6-39 所示。从图中可以看出，LBE、LBF 及 LBC 在 100℃ 以下均出现第一次的质量损失。这可能是由样品中的水分损失引起的。LBE 的主要质量损失分别在 180℃ 和 260℃，LBF 的主要质量损失在 620℃，LBC 的主要质量损失在 500℃。LBF 及 LBC 在温度较低时也出现质量损失，这可能是由一些不能与金属离子络合的杂质所引起。基于以上结果可以得出结论，LBE 经过与金属离子络合之后，大幅提高了其热稳定性，且与三氯化铁的络合产物具有最好的热稳定性，因此，LBF 将用于后续的光热实验。

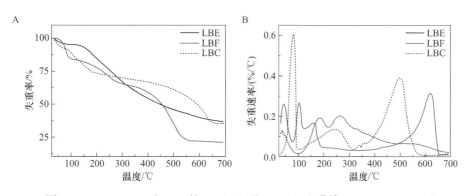

图 6-39　LBE、LBF 和 LBC 的 TG（A）及 DTG（B）曲线（Luo et al.，2019）

六、LBE 及 LBF 元素分析

XPS 元素分析测试能更好地了解 LBF 中的元素分布。XPS 元素分析结果显示（图 6-40A），

LBE中主要含有C（284.51eV）、O（532.36eV）元素。通过添加三氯化铁，与LBE络合之后，XPS谱图中显示除了C（285.11eV）、O（532.19eV）元素之外，多了Fe2p（711.40eV）与Cl2p（199.24eV）的特征峰（图6-40B）。为了进一步了解元素的存在形式，下一步进行了XPS的高分辨测试。

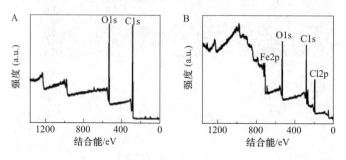

图6-40 LBE（A）及LBF（B）的XPS谱图（Luo et al., 2019）

LBE的高分辨XPS谱图如图6-41所示。LBE的C1s高分辨谱图中（图6-41A），284.77eV、286.28eV和289.09eV分别归属于C—C、C—O和C＝O。O1s高分辨谱图中（图6-41B），531.81eV、532.82eV和533.83eV分别归属于O＝C、O—C及HO—C。

LBF的C1s高分辨谱图中出现了C—C（284.81eV）、C—O（286.43eV）及C＝O（289.00eV）的特征峰（图6-41C）。O1s谱图中出现了O＝C（530.43eV）、O—C（532.04eV）及HO—C（533.58eV）的特征峰（图6-41D）。

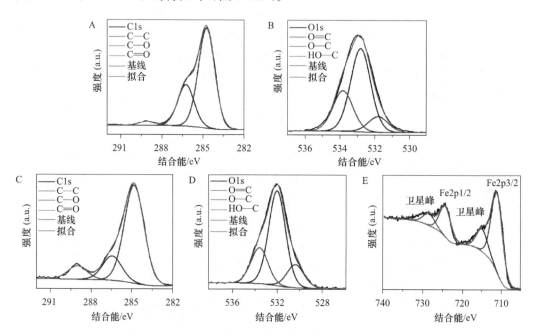

图6-41 LBE和LBF的XPS高分辨图谱（Luo et al., 2019）

A、B. LBE的C1s和O1s的高分辨图谱；C～E. LBF的C1s、O1s和Fe2p的高分辨图谱

Fe2p的高分辨谱图中，能清晰看到Fe2p1/2与Fe2p3/2轨道的峰，且均伴有卫星峰

的出现（图6-41E），表明在LBF中同时存在Fe（Ⅱ）与Fe（Ⅲ）。该结果表明在LBE溶液中加入Fe（Ⅲ），不仅发生了络合反应，同时也发生了氧化还原反应，将部分Fe（Ⅲ）还原成Fe（Ⅱ）。

此外，对比LBE与LBF的C1s高分辨谱图的分峰结果，C=O的含量从0.86%增加到2.39%。对比LBE与LBF的O1s高分辨谱图的分峰结果，可以看出HO—C的含量从2.61%减少到2.16%。结合Fe2p的高分辨谱图的分析结果，可以得出以下结论，LBE溶液中加入Fe（Ⅲ）后，其酚羟基结构与Fe（Ⅲ）发生络合反应，导致了形成的LBF中酚羟基含量的减少。另一方面，酚羟基也与Fe（Ⅲ）发生氧化还原反应，促使Fe（Ⅲ）还原成Fe（Ⅱ），同时导致LBE发生自聚合。

七、固体紫外吸收性质分析

基于以上结果，LBF具备较好的光热性能，因此，为了更好地探究LBF的光吸收性质，我们测试了其UV-vis-NIR吸收谱图。此外，一些文章报道，利用植物小分子多酚与铁离子络合也能构建光热材料。在后续的研究中，以LBE的结构单元儿茶素与三氯化铁的络合产物（CF）为参照组，对比LBE与其单体所制备的光热材料的差异。

LBE和LBF的固体紫外吸收谱图如图6-42所示。从UV-vis-NIR测试结果看出，相比于LBE，LBF的吸收范围拓宽到了近红外区域（约1200nm），且吸收率均在85%以上。而LBE仅在紫外区域有较强吸收，在波长大于600nm之后的吸收急剧下降。这说明，通过与Fe（Ⅲ）络合，能够有效拓宽LBE的吸光范围，将更多的光能转换成热能。这与之前LBF表现出比LBE更强的光热效果结果一致。

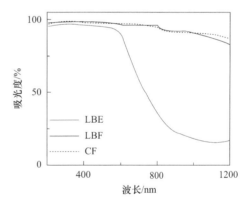

图6-42 LBE、LBF及CF的UV-vis-NIR吸收光谱（Luo et al., 2019）

此外，与CF的吸收谱图相比，LBF的谱图基本与之重叠。说明利用LBE和其单体儿茶素所制备的光热材料在光吸收上没有明显的差别，表明利用提取物来代替昂贵的小分子多酚是一个行之有效的策略。

八、光热性质分析

上文初步探究了LBE与不同金属离子络合物的光热性质。为了更详细地探索LBF和CF的光热性质，将LBF和CF溶液置于一个标准太阳照射下，记录其温度的变化并计算其光热转换效率。作为对比，采用商用的还原氧化石墨烯做相同的处理。从图6-43看出，LBF和CF的温度变化曲线非常相似，说明利用LBE所制备的LBF与小分子儿茶素所制备的CF具有相当的光热性质。因此，后续的实验将只采用LBF进行。

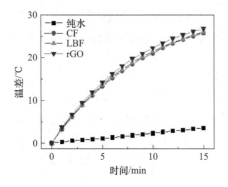

图6-43 纯水及CF、LBF、rGO溶液
在模拟太阳光照射下的升温曲线
（Luo et al.，2019）

在模拟太阳光的照射下，LBF溶液升温达到26℃，同等条件下，rGO（还原氧化石墨烯）溶液的温升为27℃，而纯水的温升为3℃。这些结果表明，LBF具有与商业rGO相当的光热转换能力。经计算得出，LBF的光热转换效率为39%，rGO的光热转换效率为40%。造成光热转换效率比较低的原因，可能是在模拟太阳光的照射下，分散的LBF或者rGO与溶液的界面处产生小气泡，这些小气泡带着产生的热量释放到空气中，而不是传给溶液产生温升。因此造成光热转换效率较低。另一个原因是，部分LBF未参与到光热转换进程中。太阳光不能穿透到溶液内部，且部分太阳光被溶液表面所反射，而导致不能被LBF利用，从而导致LBF在溶液中的光热转换效率比较低。

九、热稳定性分析

为了评价LBF的光热性能的稳定性，首先测试了LBF在不同pH下的光热性能。测试结果如图6-44A所示。结果表明，LBF在酸性（pH=4）、中性（pH=7）和碱性（pH=9）条件下的光热性质大致相同，说明LBF在此pH范围内能够稳定存在，在模拟太阳光的

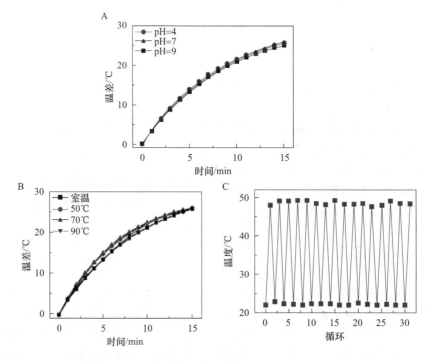

图6-44 LBF溶液的光热性能研究（Luo et al.，2019）

A. LBF溶液在不同pH下的光热升温曲线；B. LBF溶液经过不同温度处理过之后，
在模拟太阳光照射下的升温曲线；C. LBF溶液循环15次的温度变化

照射下，能稳定地将光能转换成热能。

继续研究LBF在加热之后的光热性能变化。将LBF分别加热至50℃、70℃、90℃并保持15min之后，冷却至室温，然后再测试其光热性能。结果表明，加热之后并不改变其光热转换率（图6-44B），说明LBF具有优异的热稳定性。

此外，循环测试表明，在经历15次循环测试之后，LBF的光热效率并未出现明显变化（图6-44C）。这些结果表明，LBF具有优异的光热转换性能，具备应用于将太阳能转换成热能的潜力。

十、光热机制分析

通过测试LBE与Fe（Ⅲ）络合所产生的紫外和荧光光谱变化，来解析LBF的光热机制。图6-45B记录了在LBE溶液中逐渐加入Fe（Ⅲ）过程中，其480nm处的紫外吸收及515nm处荧光发射强度的变化。从图中可以看出，随着往LBE中加入Fe（Ⅲ）的量增加，其480nm处吸收强度逐渐增强，而515nm处的荧光强度逐渐减弱。表明LBE与Fe（Ⅲ）络合形成LBF，增强了其在可见光区域的吸收，该结果与LBF固体紫外吸收测试结果一致。荧光发射强度减弱，表明Fe（Ⅲ）能有效猝灭LBE的荧光发射，使更多的受激分子通过非辐射跃迁的形式返回基态。

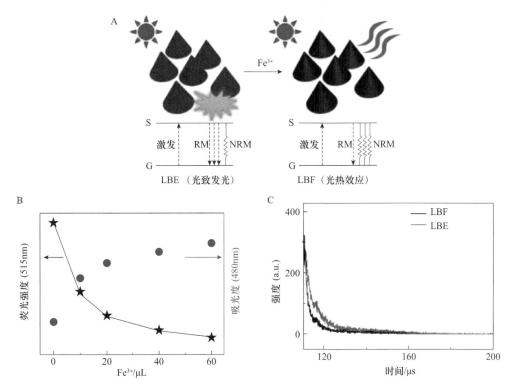

图6-45　LBF可能的光热机制（A）、逐渐加入Fe（Ⅲ）过程中LBF在480nm处的紫外吸收及515nm处的荧光发射强度变化（B）和LBE及LBF的荧光寿命曲线（C）（Luo et al., 2019）

A图中：G为基态；S为激发态；RM为辐射跃迁；NRM为非辐射跃迁

通过测试荧光量子产率和荧光寿命来进一步阐明其光热机制。测试结果表明，LBE 与 Fe（Ⅲ）络合形成 LBF，其荧光寿命从 115.2μs 减少到 112.8μs（图 6-45C），而量子产率从 66.58% 减少到 9.41%。通过荧光量产产率和荧光寿命，可以计算得出，LBE 的辐射常数和非辐射常数分别为 0.57%μs^{-1} 和 0.28%μs^{-1}。随着 Fe（Ⅲ）的加入，LBE 与 Fe（Ⅲ）络合形成 LBF，其辐射常数和非辐射常数变成 0.08%μs^{-1} 和 0.8%μs^{-1}。荧光的产生是激发态的电子通过辐射跃迁（RM）回到基态所释放能量的过程，而光热的产生则是非辐射跃迁（NRM）所释放能量的过程（图 6-45A）。从前面测试及计算的结果可以看出，LBE 与 Fe（Ⅲ）络合，增加了其在可见光区域的吸收和非辐射跃迁常数，一方面增加了 LBE 的光捕获能力，另一方面促进了激发态的电子以非辐射跃迁的形式返回基态。因此，使 LBF 具有优异的光热转换性能。

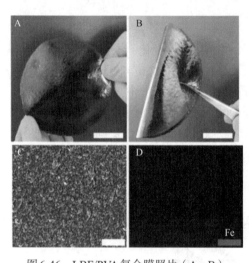

图6-46 LBF/PVA复合膜照片（A、B）、
SEM图（C）及元素分析（D）
（Luo et al.，2019）
A、B图比例尺为5cm；C、D图比例尺为50μm

十一、LBF/PVA复合膜形貌分析

为了更好地将 LBF 应用于光热转换领域，将 LBF 与 PVA 复合，制成复合光热膜。从图 6-46A 图和 B 图可以看出，LBF/PVA 复合膜呈现出黑色外观，且保持了 PVA 本身较好的柔韧性。从 SEM 图可以看出（图 6-46C），复合膜具有非常粗糙的表面，可能是 LBF 分散在 PVA 基质中所引起的。根据文献报道，这种粗糙的表面有利于光散射及光管理，增强光的利用效率。元素扫描结果可以看出，LBF 均匀分散在 PVA 基质中。

十二、LBF/PVA复合膜光热性能分析

LBF 具备优异的光热性质，下文研究将 LBF 与 PVA 复合之后，能否保持其光热性能。将 LBF/PVA 复合膜置于一个标准太阳照射的模拟太阳光下照射，研究其光热转换性能（图 6-47C）。首先，为了看复合膜是否有光热转换效果，将 50% LBF 添加量的复合膜在模拟太阳光下照射 10min。结果显示，复合膜表面温度从 20℃ 上升至 45℃，说明复合膜仍有着不错的光热转换性能（图 6-47A）。经计算，LBF/PVA 复合膜（50% LBF）的光热转换效率为 45%。

基于以上结果，我们系统研究了不同 LBF 添加量的复合膜的光热性能。从图 6-47B 可以看出，未添加 LBF 的 PVA 膜在模拟太阳光下照射 10min，表面温度仅升高 8℃。10% 和 20% LBF 添加量的复合膜表面温度分别升高 20℃ 和 21℃，继续增加 LBF 的量至 50%，复合膜的表面温度升高了 25℃。复合膜表面温度的变化呈现与添加量正相关的关系。这些结果表明所制备的 LBF/PVA 复合膜具备优异的稳定性和高效的光热转换。

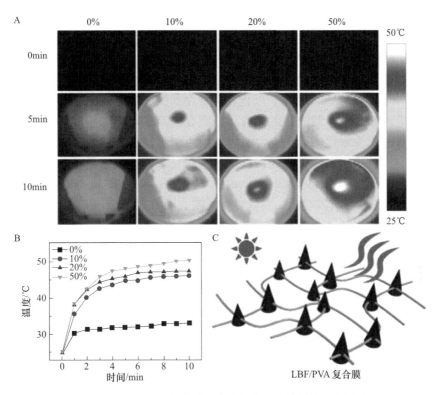

图6-47　不同LBF添加量的LBF/PVA复合膜的光热性能及光热效应示意图（Luo et al.，2019）
A、B. 不同LBF添加量的LBF/PVA复合膜在模拟太阳光（100 mW/cm²）照射下的IR图片及相应的升温曲线；
C. LBF/PVA复合膜光热效应的示意图

十三、LBF/PVA复合膜在驱动斯特林发动机上的应用

　　将所制备的LBF/PVA复合膜应用于驱动斯特林发动机，作为应用展示。斯特林发动机工作原理是在密闭的缸体中，当上下两侧的温度不同时，缸体中下部受热的空气膨胀，进而推动缸体中隔板向上运动。当到达顶端时，遇到冷空气，温度降低，体积收缩，这时隔板向下运动。隔板的往复运动推动飞轮的转动，形成一个循环（图6-48A）。

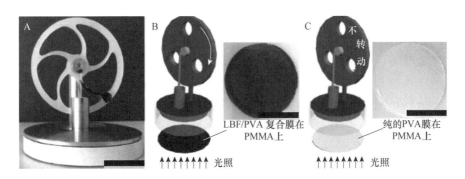

图6-48　LBF/PVA复合膜的应用（Luo et al.，2019）
A. 斯特林发动机照片；B、C. 将LBF/PVA复合膜及PVA膜组装进斯特林发动机示意图，比例尺为3cm

如图6-48B所示，通过将LBF/PVA复合膜覆盖在PMMA透明板上，然后组装在斯特林发动机的底部，置于模拟太阳光下照射。由于复合膜优异的光热转换性能，将模拟太阳光的能量转换成热量，加热缸体中的空气，从而实现缸体上下两侧的温差，进而推动发动机工作。作为对照组，将未添加LBF的空白PVA膜覆盖于斯特林发动机底部（图6-48C）。于同样的实验条件下，对比斯特林发动机的转动情况。

实验结果表明，所制备的LBF/PVA复合膜在模拟太阳光的照射下成功驱动了斯特林发动机工作。作为对比实验，空白的PVA膜由于不能将太阳能转换为热能，因此不能驱动斯特林发动机。通过将不同LBF添加量的复合膜组装进斯特林发动机，可以实现斯特林发动机转速从0r/min至215r/min的调控（图6-49A）。此外，将50% LBF添加量的复合膜组装进斯特林发动机，然后置于不同强度的太阳光下照射。同样也可以实现不同斯特林发动机不同转速的调控。这与前面不同LBF添加量的复合膜的光热转换性能结果一致（图6-49B）。

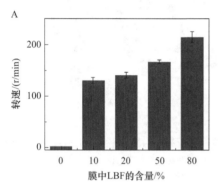
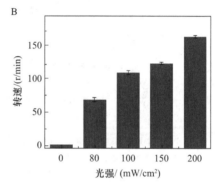

图6-49　不同LBF含量的复合膜驱动斯特林发动机的转速（A）和50%LBF/PVA
复合膜在不同光强下驱动斯特林发动机的转速（B）（Luo et al., 2019）

本 章 小 结

在本章中，研究了如何利用木质素与异质单元复合及多酚-金属离子络合等方法来构建高效的光热转换材料，并探明其在光热焊接与光-热-动能转换等领域的应用前景，主要包括以下内容。

使用溶剂交换诱导自组装方法将精制后的酶解木质素转化为木质素纳米颗粒，并通过物理吸附手段使纳米颗粒负载上硫化铜，得到L-NPs@CuS。采用透射电子显微镜观察到L-NPs@CuS的微观形貌均一，呈高度一致的球状，粒径约为250nm。进一步观察了L-NPs@CuS的高分辨透射电子显微镜（HRTEM）图及元素区域分布图，均证明了硫化铜成功地负载在木质素纳米颗粒上。木质素负载硫化铜纳米颗粒粉末具有良好的光热转换特性，在光强为150mW/cm^{2}的模拟太阳光照射下，木质素负载硫化铜纳米颗粒粉末的表面温度在20min内可以从36.6℃升高到约79.9℃。将

L-NPs@CuS与PCL均匀混合制备了具有光热特性的L-NPs@CuS/PCL复合薄膜。在光强为150mW/cm²的模拟太阳光照射下，70% L-NPs@CuS/PCL复合薄膜的表面温度在20min内可以从36.7℃升高到约70.6℃。将L-NPs@CuS/PCL复合薄膜应用于光热焊接，得到的焊接后的L-NPs@CuS/PCL复合薄膜与焊接前的复合薄膜没有明显差别，表明L-NPs@CuS/PCL复合薄膜具有良好的自愈合特性。

　　基于植物多酚与金属离子络合后的光谱变化，进一步将研究对象拓展至落叶松树皮提取单宁，分别与Fe（Ⅲ）、Cu（Ⅱ）、Al（Ⅲ）离子络合，制备了具备光热转换性能的多酚-金属络合物。其中，与Fe（Ⅲ）离子络合所制备的络合物具有最好的光热效果及热稳定性。机制研究表明，落叶松树皮多酚与Fe（Ⅲ）离子络合后，不仅拓宽了其光吸收范围，同时也增大了其非辐射跃迁常数（从0.08%μs⁻¹到0.8%μs⁻¹），使得络合物的光热转换性能提升。通过将以上络合物与PVA复合制备光热复合膜，所制备的复合膜具有优异的光热转换效果，实现了在模拟太阳光照射下，光热驱动斯特林发动机工作。利用落叶松树皮提取物作为原材料，制备了具有优异光热转换性能的材料，拓宽了其使用范围，也为具有类似结构的生物质的利用提供了一种参考。

参 考 文 献

丁倩倩，杨欣茹，昌盛，等. 2022. 碳点的制备及在医药学领域的应用. 吉林医药学院学报，43：378-381.

方桂珍. 2002. 20种树种木材化学组成分析. 中国造纸，6：81-82.

李明玉，张方达，黄安民，等. 2014. 杨木和杉木磨木木质素的红外光谱分析//中国光学学会，中国化学会. 第十八届全国分子光谱学学术会议论文集. 北京：北京大学出版社.

申琪，薛雨源，杨涛伟，等. 2022. 木质素荧光研究进展. 化工进展，41：2672-2685.

邬家林. 1984. 我国古代秦皮浸出液荧光的发现和应用. 中国科技史料，3：7-9.

张卜，哈丽丹·买买提，张云飞，等. 2017. 荧光碳点的研究综述. 现代化工，37：43-47.

张帅帅. 2020. 分子内电荷转移型四苯乙烯类刺激响应荧光材料的合成与性质. 合肥：安徽大学.

Chen T, He B, Tao J, et al. 2019. Application of förster resonance energy transfer (FRET) technique to elucidate intracellular and *in vivo* biofate of nanomedicines. Advanced Drug Delivery Reviews, 143: 177-205.

Cherry R J, Chapman D, Langelaar J, et al. 1968. Fluorescence and phosphorescence of β-carotene. Transactions of the Faraday Society, 64: 2304-2307.

Du L L, Jiang B L, Chen X H, et al. 2019. Clustering-triggered emission of cellulose and its derivatives. Chinese Journal of Polymer Science, 37: 409-415.

Erez Y, Presiado I, Gepshtein R, et al. 2011. Temperature dependence of the fluorescence properties of curcumin. Journal of Physical Chemistry A, 115: 10962-10971.

Fang X, Chen X, Li R, et al. 2017. Multicolor photo-crosslinkable AIEgens toward compact nanodots for subcellular imaging and STED Nanoscopy. Small, 13: 1702128.

Ge M, Liu S, Li J, et al. 2023. Luminescent materials derived from biomass resources. Coordination Chemistry Reviews, 477: 214951.

Gu Y, Zhao Z, Niu G, et al. 2020. Visualizing semipermeability of the cell membrane using a pH-responsive ratiometric AIEgen. Chemical Science, 11: 5753-5758.

Han M, Zhu S, Lu S, et al. 2018. Recent progress on the photocatalysis of carbon dots: classification, mechanism and applications. Nano Today, 19: 201-218.

He T, Niu N, Chen Z, et al. 2018a. Novel quercetin aggregation-induced emission luminogen (AIEgen) with excited-state intramolecular proton transfer for *in vivo* bioimaging. Advanced Functional Materials, 28: 1706196.

He T, Wang H, Chen Z, et al. 2018b. Natural quercetin AIEgen composite film with antibacterial and antioxidant properties for *in situ* sensing of Al^{3+} residues in food, detecting food spoilage, and extending food storage times. ACS Applied Bio Materials, 1: 636-642.

Hu C, Li M, Qiu J, et al. 2019. Design and fabrication of carbon dots for energy conversion and storage. Chemical Society Reviews, 48: 2315-2337.

Johns M A, Bae Y, Guimarães F E G, et al. 2018. Predicting ligand-free cell attachment on next-generation cellulose-chitosan hydrogels. ACS Omega, 3: 937-945.

Kang Z, Lee S T. 2019. Carbon dots: advances in nanocarbon applications. Nanoscale, 11: 19214-19224.

Lee M M S, Wu Q, Chau J H C, et al. 2022. Leveraging bacterial survival mechanism for targeting and photodynamic inactivation of bacterial biofilms with red natural AIEgen. Cell Reports Physical Science, 3: 100803.

Lei Y, Liu L, Tang X, et al. 2018. Sanguinarine and chelerythrine: two natural products for mitochondria-imaging with aggregation-induced emission enhancement and pH-sensitive characteristics. Rsc Advances, 8: 3919-3927.

Li G, Liu C, Zhang X, et al. 2021. Highly photoluminescent carbon dots-based immunosensors for ultrasensitive detection of aflatoxin M1 residues in milk. Food Chemistry, 355: 129443.

Li S, Wang H, Lu H, et al. 2021. Sustainable silk-derived multimode carbon dots. Small, 17: 2103623.

Li W, Chen Z, Yu H, et al. 2021. Wood-derived carbon materials and light-emitting materials. Advanced Materials, 33: 2000596.

Long R, Tang C, Wei Q, et al. 2021. Unprecedented natural mangiferin excimer induced aggregation-induced emission luminogens for highly selective bioimaging of cancer cells. Sensors and Actuators B: Chemical, 348: 130666.

Long R, Tang C, Xu J, et al. 2019. Novel natural myricetin with AIE and ESIPT characteristics for selective detection and imaging of superoxide anions *in vitro* and *in vivo*. Chemical Communications, 55: 10912-10915.

Lu L, Yang M, Kim Y, et al. 2022. An unconventional nano-AIEgen originating from a natural plant polyphenol for multicolor bioimaging. Cell Reports Physical Science, 3: 100745.

Luo X, Ma C, Chen Z, et al. 2019. Biomass-derived solar-to-thermal materials: promising energy absorbers to convert light to mechanical motion. Journal of Materials Chemistry A, 7: 4002-4008.

Ma Z, Liu C, Niu N, et al. 2018. Seeking brightness from nature: j-aggregation-induced emission in cellulolytic enzyme lignin nanoparticles. ACS Sustainable Chemistry & Engineering, 6: 3169-3175.

Mcvaugh R. 1958. A history of luminescence from the earliest times until 1900. AIBS Bulletin, 8: 49.

Nabais P, Melo M J, Lopes J A, et al. 2021. Organic colorants based on lac dye and brazilwood as markers for a chronology and geography of medieval scriptoria: a chemometrics approach. Heritage Science, 9: 32

Papanai G S, Pal S, Pal P, et al. 2021. New insight into the growth of monolayer MoS_2 flakes using an indigenously developed CVD setup: a study on shape evolution and spectroscopy. Materials Chemistry Frontiers, 5: 5429-5441.

Pattanayak S, Chakraborty S, Mollick M M R, et al. 2016. *In situ* fluorescence of lac dye stabilized gold nanoparticles; DNA binding assay and toxicity study. New Journal of Chemistry, 40: 7121-7131.

Perumal S, Atchudan R, Edison T N J I, et al. 2021. Sustainable synthesis of multifunctional carbon dots using biomass and their applications: a mini-review. Journal of Environmental Chemical Engineering, 9: 105802.

Pöhlker C, Huffman J A, Pöschl U. 2012. Autofluorescence of atmospheric bioaerosols-fluorescent biomolecules and potential interferences. Atmospheric Measurement Techniques, 5: 37-71.

Qaseem M F, Shaheen H, Wu A M. 2021. Cell wall hemicellulose for sustainable industrial utilization. Renewable & Sustainable Energy Reviews, 144: 110996.

Sacui I A, Nieuwendaal R C, Burnett D J, et al. 2014. Comparison of the properties of cellulose nanocrystals and cellulose nanofibrils isolated from bacteria, tunicate, and wood processed using acid, enzymatic, mechanical, and oxidative methods. ACS Applied Materials & Interfaces, 6: 6127-6138.

Stokes G G. 1852. On the change of refrangibility of light—Ⅱ. Philosophical transactions, 143: 385-396.

Sun L, Wang X, Shi J, et al. 2021. Kaempferol as an AIE-active natural product probe for selective Al^{3+} detection in *Arabidopsis thaliana*. Spectrochimica Acta Part A: Molecular and Biomolecular Spectroscopy, 249: 119303.

Tang S, Yang T, Zhao Z, et al. 2021. Nonconventional luminophores: characteristics, advancements and perspectives. Chemical Society Reviews, 50: 12616-12655.

Taylor T M. 2011. The international year of chemistry 2011: this is your year! Journal of Chemical Education, 88: 6-7.

Wan K L, Tian B, Zhai Y X, et al. 2022. Structural materials with afterglow room temperature phosphorescence activated by lignin oxidation. Nature Communications, 13: 5508.

Wan K, Zhai Y, Liu S, et al. 2022. Sustainable afterglow room-temperature phosphorescence emission materials generated using natural phenolics. Angewandte Chemie-International Edition, 61: e202202760.

Wang J, Chen W, Yang D, et al. 2022. Monodispersed lignin colloidal spheres with tailorable sizes for bio-photonic materials. Small, 18: 2200671.

Wang P, Liu C, Tang W Q, et al. 2019. Molecular glue strategy: large-scale conversion of clustering-induced emission luminogen to carbon dots. ACS Applied Materials & Interfaces, 11: 19301-19307.

Wang X, Guo H, Lu Z, et al. 2021. Lignin nanoparticles: promising sustainable building blocks of photoluminescent and haze films for improving efficiency of solar cells. ACS Applied Materials & Interfaces, 13: 33536-33545.

Wareing T C, Gentile P, Phan A N. 2021. Biomass-based carbon dots: current development and future perspectives. ACS Nano, 15: 15471-15501.

Xiao D, Jiang M, Luo X, et al. 2021. Sustainable carbon dot-based AIEgens: promising light-harvesting materials for enhancing photosynthesis. ACS Sustainable Chemistry & Engineering, 9: 4139-4145.

Xiong F, Wu Y, Li G, et al. 2018. Transparent nanocomposite films of lignin nanospheres and poly (vinyl alcohol) for UV-absorbing. Industrial & Engineering Chemistry Research, 57: 1207-1212.

Xu L F, Liang X, Zhang S T, et al. 2020. Riboflavin: a natural aggregation-induced emission luminogen (AIEgen) with excited-state proton transfer process for bioimaging. Dyes and Pigments, 182: 108642.

Xu L F, Zhang S T, Liang X, et al. 2021. Novel biocompatible AIEgen from natural resources: palmatine and its bioimaging application. Dyes and Pigments, 184: 108860.

Xu X, Ray R, Gu Y, et al. 2004. Electrophoretic analysis and purification of fluorescent single-walled carbon nanotube fragments. Journal of the American Chemical Society, 126: 12736-12737.

Xue Y, Qiu X, Wu Y, et al. 2016. Aggregation-induced emission: the origin of lignin fluorescence. Polymer Chemistry, 7: 3502-3508.

Yang P, Zhou X, Zhang J, et al. 2021. Natural polyphenol fluorescent polymer dots. Green Chemistry, 23: 1834-1839.

Yang S H, Wang X, Li E S, et al. 2022. Water-dispersible chlorophyll-based fluorescent material derived from willow seeds for sensitive analysis of copper ions and biothiols in food and living cells. Journal of Photochemistry and Photobiology A: Chemistry, 425: 113664.

Yu X, Gao Y C, Li H W, et al. 2020. Fluorescent properties of morin in aqueous solution: a conversion from aggregation causing quenching (ACQ) to aggregation induced emission enhancement (AIEE) by polyethyleneimine assembly. Macromolecular Rapid Communications, 41: 2000198.

Yu Y, Gim S, Kim D Y, et al. 2019. Oligosaccharides self-assemble and show intrinsic optical properties. Journal of the American Chemical Society, 141: 4833-4838.

Yuan N J, Zhai Y, Wan K, et al. 2021. Sustainable afterglow materials from lignin inspired by wood phosphorescence. Cell Reports Physical Science, 2: 100542

Zhai Y X, Li S J, Li J, et al. 2023. Room temperature phosphorescence from natural wood activated by external chloride anion treatment. Nature Communications, 14 (1): 2614.

Zhang X Y, Wang H, Niu N, et al. 2020. Fluorescent poly (vinyl alcohol) films containing chlorogenic acid carbon nanodots for food monitoring. ACS Applied Nano Materials, 3: 7611-7620.

Zhao X P, Huang C X, Xiao D M, et al. 2021. Melanin-inspired design: preparing sustainable photothermal materials from lignin for energy generation. ACS Applied Materials & Interfaces, 13: 7600-7607.

Zhao Y F, Xu L B, Kong F L, et al. 2021. Design and preparation of poly (tannic acid) nanoparticles with intrinsic fluorescence: a sensitive detector of picric acid. Chemical Engineering Journal, 416: 129090.

Zhu S J, Wang L, Zhou N, et al. 2014. The crosslink enhanced emission (CEE) in non-conjugated polymer dots: from the photoluminescence mechanism to the cellular uptake mechanism and internalization. Chemical Communications, 50: 13845-13848.